PEONIES

PEONIES

beautiful varieties for home and garden

牡丹全书

全球53种名品牡丹图鉴大全

JANE EASTOE

photography by

GEORGIANNA LANE

［英］简·伊斯特　著

［美］乔治亚娜·莱恩　摄影

刘笑　译

天津出版传媒集团

天津人民出版社

PAVILION

图书在版编目（CIP）数据

牡丹全书：全球 53 种名品牡丹图鉴大全 /（英）简·伊斯特著；（美）乔治亚娜·莱恩摄影；刘笑译. --天津：天津人民出版社，2021.3

书名原文：Peonies

ISBN 978-7-201-17156-2

Ⅰ.①牡… Ⅱ.①简… ②乔… ③刘… Ⅲ.①牡丹–观赏园艺－图集 Ⅳ.① S685.11-64

中国版本图书馆 CIP 数据核字 (2020) 第 272235 号
中国版权保护中心图书合同登记号 图字 02-2020-425 号

牡丹全书：全球53种名品牡丹图鉴大全
MUDAN QUANSHU QUANQIU 53 ZHONG MINGPIN MUDAN TUJIAN DAQUAN

[英] 简·伊斯特 著　[美] 乔治亚娜·莱恩 摄影　刘笑 译

出　　版	天津人民出版社
出 版 人	刘　庆
地　　址	天津市和平区西康路35号康岳大厦
邮政编码	300051
邮购电话	（022）23332469
电子信箱	reader@tjrmcbs.com

责任编辑	玮丽斯
监　　制	黄　利　万　夏
特约编辑	路思维　常　坤
营销支持	曹莉丽
版权支持	王秀荣
装帧设计	紫图图书ZITO®

制版印刷	天津联城印刷有限公司
经　　销	新华书店
开　　本	889毫米×1194毫米　1/16
印　　张	15
字　　数	100千字
版次印次	2021年3月第1版　2021年3月第1次印刷
定　　价	299.00 元

Contents
目录

INTRODUCTION

导言

东方国家一直有赏牡丹的传统。在中国和日本，每逢春天牡丹花开的时节，都会有成千上万的人摩肩接踵，到花园里赏玩牡丹盛放之姿。游人们或在花园里漫步，或在花香中小酌，凝神注目，欣赏不同品种的多样风姿。那些花朵有些带有曲折的卷边，构造繁复，仿佛花中的玛丽·安托瓦内特[1]；也有一些完全保留了古典的美，雅致得犹如希腊雕塑。每当花朵盛开时，我们仿佛看到了一个伟大艺术家的调色盘，那些或是柔和的水彩色调，或是明快浓郁的原色，或是彩虹糖般的丰富色彩，和谐地呈现在花瓣上，悦目而动人。这些花朵尽态极妍，共同奉上一场视觉盛宴。

相较于世界其他地方，中国拥有更多原生牡丹和芍药，也因此成为最早推崇牡丹之美的国家。在东方，牡丹身负众多符号，它象征着财富、繁华、荣耀以及美满的婚姻。最初，牡丹因其医药价值而被传递到西方世界，但它优美的外观、多变的天然属性，让爱花的人们看到了培育新品种的希望。

自然界中有约 40 种芍药属植物，具体数字植物学家尚存争议。其中，木本的牡丹多为 5 片花瓣，有时更少，草本芍药花瓣数量较多。不过，随着花朵的自然突变，加上几个世纪以来的精心栽培以及针对木本、草本的选择性育种，现如今，市场上已经有了形态更加丰富的芍药属植物。

人工培育的芍药属栽培品种通常有三种不同类型：首先是牡丹（具体来说是亚灌木），牡丹拥有木质茎，花叶会在秋天凋零；其次是草本芍药，在春天萌发，秋天茎叶凋落；最后是伊藤杂种（即牡丹和芍药杂交品种），这一品种兼具上述两者的优点。杂交品种拥有相对较短的木质茎，因此不需要额外支撑就能茁壮生长、大量开花。杂交品种最早在 19 世纪 70 年代就已经被注册了。自那时起，它们的数量开始逐年猛增。这些杂种不仅展现出了牡丹花量庞大、花期悠长的优势，而且综合了芍药花型多样、色彩丰富的特点。

芍药属植物都相当坚挺长寿，存活 50 年乃至 100 年并不稀奇。它们的抗病害能力也相对较强。对于鹿和兔子而言，芍药属植物也没什么吸引力，不会选择它们来充饥。

牡丹或芍药花的组成部分包括：包裹在花蕾之外的绿色的苞片和萼片、花瓣、雄蕊（雄蕊由花丝及其顶端支撑的花药构成，其中花药承载着花粉）、雌蕊。雌蕊的心皮是种子孕育的地方。心皮的顶端是潮湿的柱头，它负责接收花粉，完成受精。

如今，育种和杂交过程中的人为干预已经致使花朵发生了突变，人们按照自己的意愿开发新品种，让

---

1 被誉为最美的奥地利公主，后嫁与路易十六成为法国王后。

花朵的构成

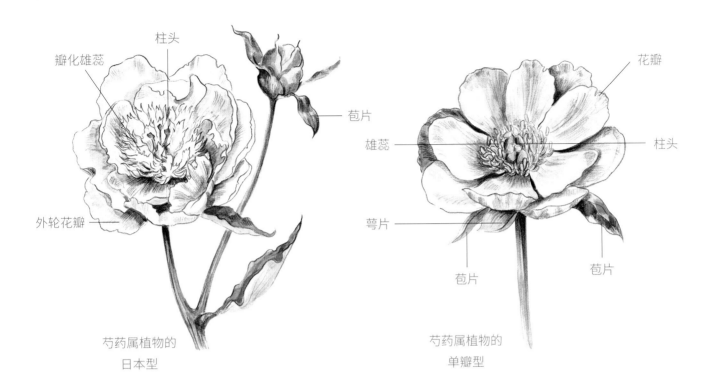

瓣化雄蕊

柱头

苞片

外轮花瓣

芍药属植物的
日本型

花瓣

雄蕊

柱头

萼片

苞片

苞片

芍药属植物的
单瓣型

花的每一个组成部分都朝着选定的方向生长，以便创造出更加绚丽的形态——或许相较于其他种类的花，这种人工培育出的花朵已经学会了凸显其优秀的繁殖能力，然而讽刺的是，它们本身其实可能是不育的，只能通过分株等无性繁殖的方法进行繁殖。

心皮可能是被包裹在花盘中的，花盘会呈现出多种颜色，如同约瑟的彩衣 [1] 一样。随着心皮胀起，这层花盘裂开，暴露出心皮顶部充满诱惑力的柱头，从而吸引传粉者到来。雄蕊可能被大量花瓣所掩盖，或者干脆退化，失去生育能力。退化雄蕊和正常雄蕊仍存在些微的相似之处，它们也可能携带花粉，并且通常呈黄色。随着退化越来越严重，雄蕊会发生瓣化，

即变得像花瓣一样，它们可能会与柔滑的外轮花瓣相互协调，也可能与之截然相反。

为了方便识别，美国牡丹芍药协会（American Peony Society）列出了 6 种经典花型：单瓣型、日本型、银莲花型、半重瓣型、重瓣型、台阁型。与其用冗长的文字描述，不如看图区分更简单。图示中清晰地展现出了每种花型之间的区别。

一旦这些宜人的花朵进入了你的生活，你将再也无法离开它们。它们的花期可能相对较短——每个品种只开 2 到 3 周，牡丹可能持续得稍微久一点。但是不同品种的花会在不同的时间盛放，从仲春到暮春，有些甚至可以开到初夏。只要栽种两三种，你就可以在较长的一段时间里都能有花可赏了。

这种花卉可以在花园里存活许多年，它们长寿的特点也算是弥补了一点花期较短的不足。不仅如此，只要种植得当，芍药属就可以像旧皮靴一样坚韧。它

1　出自《旧约圣经》的《创世记》，犹太民族的祖先约瑟因深受父亲喜爱，得到了其父赠予的美丽彩衣。

花型

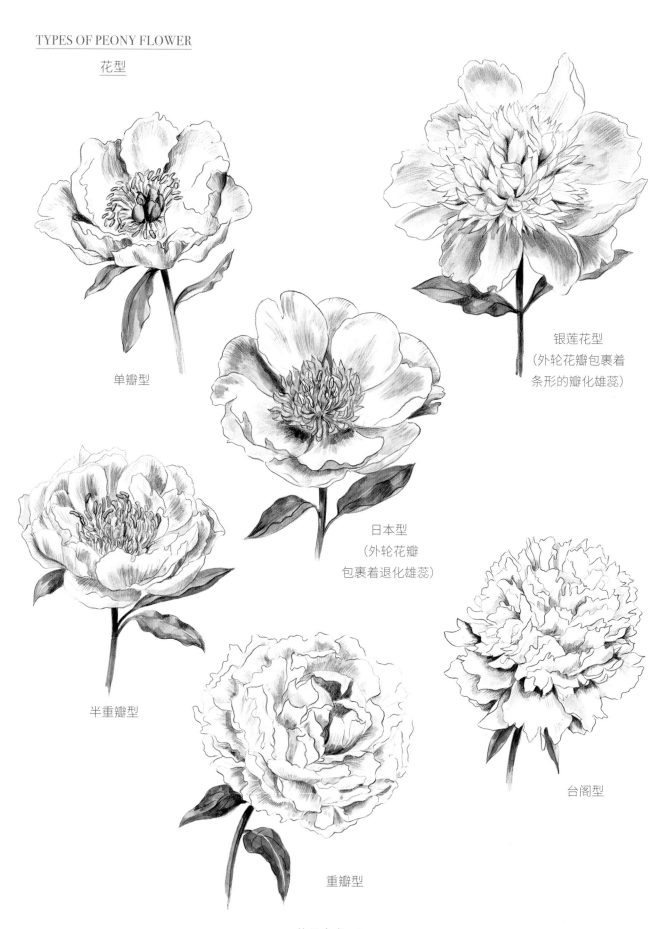

单瓣型

银莲花型
（外轮花瓣包裹着
条形的瓣化雄蕊）

日本型
（外轮花瓣
包裹着退化雄蕊）

半重瓣型

台阁型

重瓣型

们耐寒，需要整个冬天进行春化作用[1]以促进开花。它们不需要浇水，即便你疏于照顾也无妨。它们需要被特别注意的只有一点，就是有些品种的花形巨大、花瓣繁复，犹如卷心菜一般，需要花架支撑才能维持最佳形态。此外，为了降低它们的患病风险，你需要在冬天清理掉枯死的茎叶。算起来也的确是"一分耕耘，十分收获"了。

芍药属植物不仅出现在花园里，花艺师们早已将其应用在了切花上，无论是做单品花束还是与其他种类的花搭配使用，效果都十分理想。如果遇上活动需要的话，这些花还能在冷藏室里轻松存活几个星期。在花店里，我们最常见到的是已经进行商业种植的草本品种，其实，尽管木本品种的茎通常较短，木本品种和杂交品种的芍药属也可以胜任不同的任务需求。芍药属植物在切花中的表现备受赞誉，鲜有敌手，你可以近距离欣赏它们，因为随着时间的流逝，它们会美丽地凋谢，并随之绽放出它们美妙的花心。久而久之你会发现，欣赏芍药属植物是一种令人着迷的乐趣。

这些风姿绰约的美人，还拥有着让人心仪的芳香。芍药属植物释放出来的芳香各有不同，并不单调，每个品种都有它自己的香气，有些品种的香气会比较特别，十分浓郁，可能是柑橘气味的，也可能有些若隐若现的玫瑰芳香，还有可能是麝香气味的，甚至有可能带有人们不太喜欢的防腐剂的味道。从商业角度出发，你很难精准描述何为"芍药属植物的香气"，因为它们的精油太难提取了。但是，如果你凑近去闻，你就可以闻到那种独特的芳香。在温暖的夏日清晨，花朵们开始盛放，散发出香气，这时你便可以在空气里嗅到那种芬芳了。我发誓，那绝对是一个无与伦比的难忘经历。

这本书旨在为你在挑选自己的芍药属植物时提供灵感。现在，市面上有数以千计的品种可供选择，而且这一数字还在逐年增加。这本书里推荐的品种都是我们十分喜爱的，有一些是经典品种，还有一些是比较新的或全新的品种。我们的摄影师乔治亚娜·莱恩为我们提供了精美绝伦的图片，从这些照片里，我们可以看出芍药属品种有多么丰富多彩，它足以满足人们的各种不同喜好，适合种植在任何风格的花园中。不过一般的花卉市场或商店通常只能提供有限的品种供人选择，所以，如果你想要特定的某一个品种，最好还是到网上去找专门的芍药属植物苗圃。

芍药属植物只要种植得当，可以供你欣赏几十年。在我们如今这种快节奏的时代，还有什么能比偶尔沉浸于芍药属植物的花朵之美中，更为治愈的呢？

---

1 指植物必须经历一段时间的持续低温才能由营养生长阶段转入生殖阶段生长的现象。

THE HISTORY OF THE PEONY

芍药属植物的历史

"我总觉得，芍药就是六月的缩影。

任何一种玫瑰，在它们面前都显得如此之小。它们有着类似百叶蔷薇一般的体积。

花瓶里的芍药开到尾声之时，花瓣轻洒桌面，残红成冢仿佛一朵完美谢幕的玫瑰，让那些或阅读或私语的人们轻叹、注目。在死亡来临的那一瞬间，它们仍旧栩栩如生，美丽依然。"

薇塔·萨克维尔·韦斯特[1]

前人会如此热衷一种植物，不厌其烦地对其进行详细记录，肯定不是单纯因为这个植物的花美艳过人。在古希腊神话中，芍药属植物的名字来源于"派恩"（Paeon），他是古希腊神话中奥林匹斯诸神的医生，师从医神阿斯克勒庇俄斯。据古希腊神话记载，派恩在奥林匹斯山上采集芍药属植物，为诸神疗伤，包括肩部受伤的冥王哈德斯在内，都被芍药属植物治愈过。这个故事后来又发展出很多不同的版本，但总而言之，派恩获得了巨大的成功，这惹恼了某位或某几位神灵，于是他被杀害了。派恩的生命无法再生，一位神感念于他，便将他化为芍药属植物并冠以其名"派恩"。中文译作由此恰恰证明，芍药属植物在古代就已经展现出药用价值了。

在中国，芍药属植物的栽培历史已超过 2000 年，因其根部和种子的药用价值而备受青睐。关于芍药属植物的功效的记录传遍全球。公元 1 世纪，古罗马博物学家、哲学家老普林尼，在其长达 37 卷的《自然史》中记录道，芍药属植物的根部可以有效缓解胃痛、促进肠道蠕动，而芍药属植物的种子则被用来呵护子宫，还能够缓解梦魇的症状。

大约在同一时间，古希腊植物学家、医生迪奥斯科里德斯，在其 5 卷著作《药物论》中提到了"雄性"和"雌性"芍药属植物的用途。这种草药的应用一直延续到文艺复兴时期和地理大发现时代。人们普遍认为，是罗马人将芍药传入了不列颠岛。在人们看来，药用芍药（*Paeonia officinalis*），即所谓的"雌性"芍药更为常见；而南欧芍药（*P. mascula*），也就是所谓的"雄性"芍药则较为稀有，但据说药效更强。尼古拉斯·卡尔佩珀在他 1652 年的著作《英国医生与草药全书》中提到"雷森博士告诉我，'雄性'芍药对男性来说是最好的，而'雌性'芍药同样有益于女性"。他还建议把芍药的种子串成项圈让孩子们戴上，认为可以预防痢疾。

时至今日，在传统中医中，芍药的根部仍然会被当作药材使用，可有效缓解关节炎的炎症和痉挛症状。而在印度、波斯和阿拉伯，药用芍药被用于阿育

1　英国作家、诗人、园艺家。

吠陀[1]和优那尼[2]医学的传统药物和顺势疗法之中。它们的根部含有天冬酰胺、苯甲酸、类黄酮、芍药苷、芍药花甙、丹皮酚、原氨茶宁、单宁酸、三萜和挥发油等成分，目前，现代医学仍在继续探索这些化合物的深层作用。

芍药属植物的根部因具有催情作用，被当作是男性大振雄风的良药，你可以将其理解成早期的"伟哥"。也许正因为如此，它们才蒙上了一层特别的魅力。芍药属植物也曾经被当作食物，直到 18 世纪，人们仍将其籽仁视为调味品。在那个年代，知名度不亚于迪莉亚·史密斯的名厨汉娜·格拉斯，在她于 1747年出版的著作《烹饪的艺术》一书中，就建议读者可以试试用"籽仁蘸奶油"。现代花园设计师及作家简·费恩利·惠廷斯托，曾经鼓起勇气亲口尝过一次根的切片，据她所说，那是种"把糊墙纸的浆和松节油混在一起之后，再把萝卜泡在其中的气味和口感"。

大多数芍药属植物的原产地都分布在北半球，如中国、日本、印度北部、高加索、西伯利亚、小亚细亚等地区。也有少量分布在欧洲，如科西嘉岛、撒丁岛和爱奥尼亚群岛等。美国有两个种分布，但相较于其他地区充满风情的原生种来说，就显得有些寡淡了。中国最先认识到芍药属植物之美，并对其加以培育，尽管一开始中国人只是看中了这种植物的实用性，但很快，对于美的欣赏盖过了一切。目前，大多数的园艺品种都是起源于中国中部和北部地区野生种。到了 16 世纪末，中国的种植者已经培育出了 30个全新的芍药品种了。

The tree peonies of China
中国牡丹

中国人的心头至宝是木本芍药，也就是牡丹。野生的牡丹只分布在中国。在中国，牡丹被冠为"花王"的称号，而草本的芍药则被称为"花相"。可以肯定的是，早在中国的隋朝时期（公元 581—618年），甚至更早，中国人就已经开始培育牡丹了。待到宋代（公元 960—1279 年），牡丹已经成为最受欢迎的宫廷花卉，花匠们会通过各种手段去培育牡丹，包括种子繁殖以及将最好的品种作接穗与野生种嫁接等方法。

中国的牡丹爱好者众多，最著名的其中一位，是中国历史上唯一的女皇——武则天（公元 624—705年）。她富有智慧、容貌美丽，而且极具野心，在与她有关的历史中，除了"谋杀"和"筹划"这样的关键词外，还有一个关键词，就是"创造力"。也许是为了赢得圣心，当时与牡丹相关的艺术作品盛行于世，无论是画作、陶瓷器皿、织物，还是木雕、石刻上面，随处可见牡丹盛放之姿。一时间，牡丹成了财富、荣誉、美丽的象征，它的盛放也预示着和平。同时，作为一种植物，它也得到了极大发展。在皇家指引之下，更多绚丽美好的品种得以浮现于世。

武则天时代的首都洛阳，遍植数千株牡丹。直至现在，洛阳仍是牡丹之都。在 9 世纪，中国作家李肇便描绘了牡丹风靡一时的景象（这让人不由想起了 17 世纪荷兰的郁金香热）"花开时节，整个城市都为之疯狂……车水马龙来回奔走，错过此盛况者，深以为愧。"[3] 中国政治家和文学家欧阳修（公元 1007—1072 年）曾在他的著作《洛阳牡丹记》中记录了 90余个牡丹品种以及栽培方式。

几个世纪以来，牡丹备受诗人、文学家和艺术家的赞誉，生长在上流社会的大型私家花园里，在中国范围内广受追捧。即使是历史变迁也未对牡丹造成伤害，因为热爱牡丹的花匠会想方设法保存大部分的品种，为未来的种植保存资源。

时至今日，中国对牡丹的偏爱有增无减。自

---

1 梵文，意为"生命的科学"。阿育吠陀医学不仅是一门医学体系，而且代表着一种健康的生活方式。

2 南亚流行的一种医疗体系。此体系起源于古希腊医学，后在阿拉伯文化的影响下形成一种新的医疗体系。

3 出自李肇《唐国史补》卷中《京师尚牡丹》："每春暮，车马若狂，以不耽玩为耻。"

1982 年以来，每年 4 月，洛阳都会举办年度洛阳牡丹花会。每逢此时，数以千计的品种争相盛放，空气中是浓郁的芳香，但凡经历过的，都将终生难忘。可惜的是，野生牡丹的生存环境令人堪忧，由于它们的根部可以入药，遭到了大量挖掘。

The Japanese aesthetic
日本美学

早在 8 世纪，日本的和尚就将牡丹作为药用植物带回日本，不过，这种植物却以美学价值迅速得到认可。日本人除了称牡丹为 Botan（牡丹）以外，还为其取了一个更为诗意的名字"花之女皇"。日本人偏爱单瓣或半重瓣的品种，最好花瓣基部无色斑，且雄蕊少。他们还乐于培育色彩艳丽的品种。然而，由于没有自己的野生资源，他们只能在有限的基因基础之上培育，并且严重依赖于中国进口。16 世纪以前，中国一直是国际贸易中的支柱，但是自从 1500 年到 1970 年，中国与世界发生了脱节，包括牡丹与芍药在内的所有贸易都被削减了。

日本与中国的情况类似，在德川幕府时期（即江户时代，公元 1600—1868 年），日本与国际也几乎没有交流了。但是，他们仍然保持着与中国和荷兰的生意往来，虽然这种往来十分有限。1640 年到 1853 年，荷兰的东印度公司在长崎港的人工岛出岛开设了商馆。

在 200 余年里，出岛是日本对海外开放的唯一贸易窗口，正是从这里，牡丹开始走向西方世界。

Western plant hunters
西方植物猎人

早期西方的植物猎人专注于收集具有食用价值的植物。16 世纪中后期，植物猎人将南美洲的土豆和西红柿引入了欧洲。1787 年，英国皇家海军的赏金猎人们在命途多舛的布莱船长带领下前往塔希提岛

（Tahiti）[1]，他们此行的目标是收集塔希提的猴面包树，并移栽到西印度群岛种植。猴面包树的果实将会作为廉价的食物来源，供当时的奴隶食用。苏格兰的植物猎人罗伯特·福琼（Robert Fortune）[2] 留着长辫，伪装成中国人，在 1848 年将 2 万余株高品质的茶苗运往印度建立了茶叶产业。

但是，到了 18 世纪中期，植物猎人们已经不再仅仅聚焦于食物了。1735 到 1758 年间，现代生物分类学之父、瑞典植物学家卡尔·林奈在其著作《自然系统》一书中发布了他的植物命名系统，这一系统深受欢迎，并刺激了植物猎人去搜罗新的物种进行分类。1690 到 1692 年间，德国博物学家、医生恩格柏特·坎普法在日本为荷兰东印度公司工作。坎普法在他 1712 年出版的著作《异域采风记》（Amoenitatum Exoticarum）中提及了牡丹和芍药。在日本还对外封闭的年代，他是最早向外介绍日本植物的人之一。

1823 到 1829 年间，医生兼博物学家菲利普·弗郎兹·冯·西博尔德在荷兰东印度公司担任医师。此人极具传奇色彩，除了夫人之外，他还有数名情人。当时，他因为持有日本地图而触犯了法律，被驱逐出日本。在日本期间，他收集了很多当地植物，在被驱逐出境时，这些植物也被他随身带走了。后来，他将其中 42 株牡丹卖给了荷兰政府。

12 世纪以来，不列颠一直在种植两种芍药。其中一种是南欧芍药（P. mascula），这是产于南欧的珍贵原生种，当作药用植物种植；另一种是荷兰芍药（P. officinalis），也称药用芍药，它们色彩缤纷，有红色、白色以及深粉色等，既可以作药用，也可以供人

1　威廉布莱受英国皇家海军雇用，于 1787 年任科学考察船邦蒂号船长，在从塔希提岛航行到牙买加之后，该船被大副劫持，布莱船长等人被放逐，漂流约 2 个月后到达帝汶岛。

2　罗伯特·福琼受英国皇家园艺学会派遣，于 1839 到 1860 年 4 次来华调查和引种。

欣赏。它们的拉丁名中"officinalis"一词的意思正是"药用的"。药用芍药的亚种广泛分布在欧洲南部、东部以及中部的野外，从形态到颜色都千差万别。

草药学家、植物学家约翰·帕金森（John Parkinson）在其1629年出版的著作《园艺大要》（*Paradisi in Sole Paradisus Terrestris*）中提到，"雌性"芍药（药用芍药）在"所有叫得上名字的花园中都占有一席之地"。毕竟，它们相对来说很容易进行分株，这让它们得以在花园园艺中大放异彩。不过，当时能找到的芍药就只有这两种了。情况直到17世纪末期至18世纪初期才发生改变。之后，英国植物猎人闯入日本、中国和印度，到处搜寻那些他们仅仅听说过，或是在画册上见过的芍药属植物。

博物学家约瑟夫·班克斯爵士（Sir Joseph Banks，1743—1820）曾长期担任英国皇家学会会长[1]，其间他资助了英国东印度公司的外科医生亚历山大·邓肯（Alexander Duncan），后者从中国带回了木本牡丹。1789年，第一棵牡丹在邱园（Kew）安家落户，在此之后，更多的芍药属植物纷至沓来。出身萨默塞特郡牧师家庭的雷金纳德·惠特利（Reginald Whitley）热衷于园艺事业，他在伦敦的一家苗圃工作。1808年，惠特利培育出了第一个面向公众销售的芍药（*P. lactiflora*）品种。按照惯例，这款白色单瓣品种名从它的培育者，名为'惠氏'（'Whitleyi'）。

约翰·波茨是园艺学会（即后来的英国皇家园艺学会）派出的第一位植物猎人。1821年，他搭乘东印度公司的英国皇家海军基德将军号（HMS General Kyd）前往中国，并从那里带回了多种山茶属、报春花属和蜘蛛抱蛋属植物。这些植物后来都成了维多利亚时代备受欢迎的室内植物。他还带回了一个芍药品种，并以他的名字命名为'波茨'芍药（*P. 'Pottsii'*）。

Peonies in France
法国芍药属植物

与此同时，尽管历经多年政治动荡和战争，法国自18世纪后期也开始培育芍药属植物。法国的芍药属植物主要来自英格兰，因为后者与中国和日本保持着更好的贸易往来。

据1811年的文献记载，约瑟芬·波拿巴皇后（拿破仑·波拿巴的第一位妻子）的马尔迈松城堡华丽的花园中，种植着一定数量的单瓣和重瓣的芍药，以及约瑟芬·班克斯送来的一株木本牡丹。

在巴黎，尼古拉斯·莱蒙（Nicolas Lémon，1766－1836）是第一位认识到芍药属植物之美的法国种植者。1824年，他推出了一种名为'华美盛宴'（'Edulis Superba'）的芍药品种。这一品种馥郁芳香，呈玫瑰粉色，历经200多年依然流行于世。巴黎的莫德斯特·奎林（Modeste Guérin）以培育铁线莲属和芍药属植物为主，他是最早一批将中国的牡丹与芍药引进欧洲的人之一，他推出了大约40个新品种，包括'奥尔良公爵夫人'（'Duchesse d'Orléans'）和以他本人命名的品种'莫德斯特·奎林'（'Modeste Guérin'）。

19世纪50年代，一群法国种植者同心协力，培育出了一批全新品种。这些品种直至现在仍是备受喜爱的花园植物。历经数代人，从一群培育者到另一群培育者，芍药属植物的培育知识和品种收藏实现了分享与传承。业余种植者孔蒂·德·库西（Comte de Cussy）也热衷于此，他从中国引进了数种芍药属植物，并且培育出了许多新奇品种。后来，来自法国北部城市杜埃的培育者雅克·卡洛（Jacques Calot，？—1875）得到了库西的芍药属植物珍藏，随后推出了20个他自己的新品种，其中包括1856年推出的美丽白色品种'内穆尔公爵夫人'（'Duchesse de Nemours'）。1872年，这些珍藏又辗转来到了法国东北部城市南锡，到了费利克斯·克劳斯（M. Félix Crousse）手中。他孜孜不倦地工作，推出了很多新品种，包括多年生花园植物的最爱、以他本人命名的

品种'费利克斯·克劳斯'（'Félix Crousse'，1881年问世）和'于勒·埃利先生'（'Monsieur Jules Elie'，1881年问世）。

此后，这些直至今日依然风靡的世界级珍品传承到了著名的育种大师维克多·勒莫因（Victor Lemoine，1823—1911）手中。身负盛名的勒莫因同样出身于南锡。1911年，勒莫因在去世的前几周，获得了英国皇家园艺学会颁发的园艺勋章，他也是唯一获得此勋章的非英国公民。由于他的手部疾病，大部分的人工授粉工作都由他的妻子玛丽·路易丝（Marie Louise）帮他完成。他培育的粉红色品种'莎拉·伯恩哈特'（'Sarah Bernhardt'）娇艳欲滴，是他的代表作之一，时至今日依然广为流传，极具商业价值。他将芍药和高加索芍药（P. wittmanniana）进行杂交，培育出了两个十分成功的品种，'春日之芍'（'Le Printemps'）和'先锋派'（'Avant Garde'）。不仅如此，他还将黄牡丹（Paeonia lutea）与牡丹（P. suffruticosa）进行杂交，得到了一种半重瓣的黄色牡丹品种，命名为勒莫因（P. x lemoinei）。维克多的儿子埃米尔（Émile）和孙子亨利（Henri）继承了他的育种事业，在1912到1933年间推出了26个牡丹和芍药品种，可惜的是，由于记录疏忽，究竟培育了哪些品种已经难以考证了。

The coming of Kelways
凯尔韦家族的崛起

在欧洲，英国培育牡丹和芍药的历史要远远短于法国，大概开始于19世纪中期。英国人约翰·萨尔特（John Salter）在凡尔赛开设了一家苗圃，可以想见，他当时肯定见识过一些培育出来的芍药属新品种。经过了一段时期的政治动荡之后，萨尔特于1848年回到了英格兰，在伦敦的哈默史密斯开了一家凡尔赛苗圃，售卖的植物就包括一些新品种的芍药。萨尔特曾和查尔斯·达尔文交流过植物选择方面的问题，他的观点还被达尔文引用到1868年的著作《动物和植物在家养下的变异》中。

1851年，在父亲威廉（1783—1867）的帮助下，同样从事园艺的詹姆斯·凯尔韦（James Kelway，1815—1899）在英国的休斯·埃皮斯科皮开了一家苗圃，距离萨默塞特区的兰波特不远。凯尔韦家族对于唐菖蒲属植物有着莫大的热情，直到20世纪初期，这种偏爱才渐渐消退。1864年，他们萌生了培育芍药属植物的想法，并着手开始尝试。短短20年间，他们拥有的芍药属植物已经多达250个品种，其中的104个品种都是凯尔韦家族培育出来的新品。这个成就非同小可，因为芍药属植物从种子落地到首次绽放，需要花上3到5年的时间。想要培育成功并且进行成熟的商业化售卖，所需时间当然更长。他们培育出的新品种一时间受到了公众的极大瞩目，直至20世纪20年代，人们都会专程到凯尔韦家族的芍药属植物庄园，欣赏这些花朵盛放的美景。在当时，到凯尔韦家族的牡丹芍药谷赏花非常流行，以至于伦敦到彭赞斯之间专门设置了一个临时火车站，就叫牡丹芍药谷站，只为了方便在这个时节赏花的客人们往返。

1929年，英国广播公司（BBC）首批女性播报员之一，著名的花园作家马里恩·克兰（Marion Cran）描述了一次去凯尔韦家族牡丹芍药谷参观的盛况：

你是否也曾像我一样，漫步于阳光下的牡丹山谷，徜徉在正在盛开的缤纷花朵之间？如今，在西方世界，我们有了这样一座山谷，山谷中数以百万计的牡丹和芍药正在阳光的抚慰下盛放。沿着山路蜿蜒而至山谷的途中，你会被美好的芳香拥入怀里，裹挟着香气的暖风迎面拂来，甜美而又清新。一旦你来过这里一次，你就会变得不同。这样的美好会让你感到曾经沧海难为水，只有也亲手种一些自己的芍药属植物，制造一些如同初进牡丹谷一般的美好回忆，方能安心。

凯尔韦家族以专业、严谨的态度经营自己的跨国公司，理应获得相当大的成功。据说，莫奈也是他们的客户之一。在1889年巴黎国际展览会上，凯尔韦家族荣获了金奖，此后，莫奈从他们这里购买了一批

种子，播种在其位于吉维尼的花园中。1942 年，美国牡丹芍药协会对他们的会员进行了一次调研，评选他们最为推崇的芍药属品种。此次评选最终的获胜者正是'凯尔韦之光荣'（'Kelway's Glorious'），一个绝佳的白色重瓣品种。这件事也证实凯尔韦家族进军美国市场取得了巨大成功。

Peony pioneers
芍药属的开拓者

在美国，牡丹芍药种植业历史悠久。随着开拓者们移居到美洲，牡丹和芍药也随之来到这片土地。与在不列颠类似，这些种类已经在美国种植了数个世纪了。美国的开国元勋之一托马斯·杰斐逊，同时也是美国第三任总统，在 1766 到 1824 年间持续记录园艺日记，日记中记录了在他位于犹他州蒙蒂塞洛的家中生长着一些耐寒的多年生植物，其中就包括一种名为 Piony（在英语中与芍药属植物同音）的植物。

1850 年，美国引进了一种芍药（P. albiflora），这种芍药一经引入立刻流行起来。当时，人们称它为中国芍药。它生长缓慢，所以市面上卖的大部分不是种苗，而是种子，也因此孕育了诸多不同形态的植株。来自艾奥瓦州克雷森特的亨利·特里（Henry Terry，1826—1909）在该州的第一苗圃里大面积培育牡丹和芍药。虽然特里的主业是水果栽培，但他仍然在纽约附近的法拉盛地区的林奈植物园（Linnaean Botanic Garden）那里拿到了 30 份材料，该植物园收集了从世界各地而来的种子。特里从中选择了最合适的进行培育，然而他发现，在种出来的大概 1000 株小苗里，值得培育的可能只有 5 株。尽管如此，他还是在他的一生中培育出了百余个全新的品种，并且在他离开人世之前把一生所得的大约 60000 株芍药和牡丹以 2500 美元的价格卖了出去。这在当时也是一大笔钱了。

牡丹和芍药在美国盛行一时，究其原因，可能要归功于气候和土地。首先，在美国的部分地区，每年冬天的严寒都会如期而至，要知道，芍药属植物不仅耐寒，更需要低温来完成春化。其次，美国拥有大面积的土地，这是芍药属植物赖以生存的基础。早期的种植者成果卓著，在他们的努力下，牡丹芍药成了备受喜爱的切花，尤其是在母亲节（美国的母亲节是五月的第二个星期天）和阵亡将士纪念日（Memorial Day，5 月的最后一个周一）的时候。虽然第二次世界大战后，牡丹芍药受欢迎程度在一段时期内有所下降，但美国仍然是芍药属植物的主要生产国。

1903 年，美国牡丹芍药协会正式成立。彼时，芍药属植物的情况十分混乱，而该学会则致力于让芍药属植物的命名走向标准化和程序化。学会成立之初，大家的关注点主要在于切花。当时为迎合利润丰厚的切花市场，无论是专业人士还是业余的爱好者，大部分种植人员都全身心投入长梗重瓣品种的培育。

这个产业的风头一时无两，各行各业的创意天才都投身其中。他们花上数年的时间，专注于培育出更强壮、更具活力的植株，以及更美丽动人的花朵。奥利弗·布兰德（Oliver Brand，1844—1921）和他的儿子阿奇（Archie，1871—1953）就运营了一家十分成功的芍药属苗圃长达 80 年。到了 20 世纪 20 年代，他们已经培育出超过 1000 个品种。可惜，受 20 世纪 20 年代末期开始的经济大萧条影响，他们的事业一落千丈。

奥维尔·W. 费伊（Orville W. Fay）是一位出色的植物育种专家，他在一家糖果公司工作，闲暇时间种植芍药和牡丹。威廉·谢尔登·博克斯托斯（William Sheraden Bockstoce，1876—1963）和费伊的情况类似，博克斯托斯从事房屋和（抵押）贷款方面的工作，业余时间专注于研究植物杂交。迈伦·比格（Myron Bigger，1902—1988）是来自堪萨斯州托皮卡的一位奶农，1935 年，他转行从事牡丹和芍药种植，全面进军切花市场。1885 年，吉尔伯特·怀尔德（Gilbert Wild）花 45 美元购买了一箱芍药属植物的根，随后在密苏里州的里德建立了他的家族苗圃。如今，这家苗圃号称是世界最大的芍药属植物苗圃。

亚瑟·桑德斯（Arthur Saunders，1869—1953）是美国最为著名的牡丹和芍药育种者之一。虽然他本来学的是化学，还从事了多年教育工作，但在 1905 年，当他用种子培育出他的第一批芍药属植物后，他就开始在业余时间投入更多心血培育全新的、多彩的芍药和牡丹品种。他收集了不同种的芍药属植物，进行杂交实验。终其一生，他培育出超过 150 个品种。1977 年，兽医大卫·瑞斯（1927—1995）获得了桑德斯的大部分品种，并传承其嫁接技术。自此，亚瑟·桑德斯的牡丹得以广泛流传。瑞斯也作了很多育种工作，并且培育出了杂交品种'鲑鱼之梦'（'Salmon Dream'）和'黄金时代'（'Golden Era'）。

在俄亥俄州萨默维尔，在漫长而精彩的职业生涯中，威廉·克雷克勒（William Krekler，1900—2002）共培育了 383 个牡丹和芍药品种，他在美国牡丹芍药协会登录的品种超过了迄今为止所有培育者。与此同时，年过 40 才开始接触芍药和牡丹的唐·霍林斯沃斯（Don Hollingsworth，生于 1928 年）也培育出了超过 50 个品种。1996 年，霍林斯沃斯的'花园珍宝'（'Garden Treasure'）成为第一个荣获美国牡丹芍药协会金奖的伊藤杂种。

纳索斯·达芙尼斯（Nassos Daphnis，1914—2010）是一位受人尊敬的艺术家。1930 年，他从希腊移民到了纽约。他是一位牡丹鉴赏家，致力于通过杂交来丰富日本牡丹花色，并以此提高牡丹的美感。达芙尼斯自学成才，对美的要求也极为苛刻。他杂交而成的小苗，大概有数百株被其抛弃，仅那些优中选优的才有机会培育成品种并登录。达芙尼斯是一位非常有声望的育种家，他培育的胭脂红色牡丹品种'火神'（'Hephestos'）极为美丽，荣获了 2009 年美国牡丹芍药协会颁发的金奖。

对于罗伊·克莱姆（Roy Klehm，生于 1942 年）来说，种植牡丹是家学渊源。他的父亲查尔斯·克莱姆（Charles Klehm，1867—1957）是美国牡丹芍药协会的创始人之一，在美国鲜见牡丹或芍药时就从法国引进了不少新品种。1992 年，克莱姆向芝加哥论坛报透露了牡丹和芍药业务的实际情况，并且指出"想要在市场上推出一个全新的牡丹或芍药品种，至少要花 25 到 30 年"。对此，克莱姆解释道，整个繁殖过程工作量很大，要在一英亩又一英亩排列成行的植株中间穿梭，将精选的杂交后代挖出来，一分为三，耐心等待。3 年之后再把这些植株挖出来，继续进行分株，如此每 3 年一次，周而复始。他说："所以你看吧，得花上多少年，你才能种出来 500 到 600

株，然后拿出去售卖。"培育芍药和牡丹的确不是能够获得快速回报的行业，投身于此所需要的无非是热爱、奉献以及承诺罢了。

芍药属育种最引人注目的进展之一，就是牡丹与芍药的首次杂交成功。在东京，育种爱好者伊藤东一先生（Toichi Itoh）决心实现这一目标。据传，他先后尝试了 1200 次，最终采用牡丹组内杂种'金晃'（'Alice Harding'）作为父本，白色的芍药"花相殿"（*P. lactiflora* 'Kakoden'）作为母本，才成功地培育出 7 株小苗。然而可惜的是，1956 年，在这些小苗成功开花之前，伊藤就不幸去世了。他对自己的伟大成就一无所知，也未曾亲眼看到培育出来的品种如何受到世界的赞誉和追捧。

来自纽约布鲁克维尔的路易斯·斯米尔诺（Louis Smirnow，1896—1989）是一位男装业务的信贷经理。在游览日本期间，斯米尔诺听说了伊藤杂交出来的杂交苗。嗅觉敏锐的斯米尔诺同样也是一位芍药属植物种植爱好者，他联系到伊藤先生的遗孀，从她那里购买了这些杂交苗。1974 年，在伊藤夫人的允许下，斯米尔诺登录了 4 个品种，并将其命名为伊藤 / 斯米尔诺杂种。这 4 个品种分别是'黄冠'（'Yellow Crown'）、'金黄色的梦'（'Yellow Dream'）、'黄花帝王'（'Yellow Emperor'）和'黄色天堂'（'Yellow Heaven'）。美国牡丹芍药协会为向伊藤致敬，将这些杂交后代命名为"伊藤杂种"，并在 1972 年向他追赠了 A. P. 桑德斯纪念勋章。

牡丹与芍药杂交难题终于被攻克了，这一消息传开之后，罗杰·安德森（Roger Anderson）和唐·霍林斯沃斯加倍努力培育牡丹和芍药的杂交品种。现如今，在美国牡丹芍药协会注册的伊藤杂种（即牡丹与芍药杂交获得的品种）已经超过 100 个，并且还在逐年递增。而早期的伊藤杂种（斯米尔诺品种）每次交易的价格仍然非常昂贵，费用大概在 500 到 1000 美金左右，可能是由于早期品种已经渐渐被新的杂交品种取代，变得稀有了。

到了 21 世纪，种植者开始寻求新的培育方式，如组织培养。这些新的方式可以有效降低批量生产的成本。伊藤杂种的诱人之处在于，相较于芍药而言，它们的茎更加强壮，能让花朵俏立于叶丛之上。此外，它们的花期更长，抗病能力也更强。它们的美丽无与伦比，花期悠长，绽放出一波又一波引人入胜的花朵，这让它们在花园里拥有了不可撼动的地位，未来可期。

PURE

纯净

芍药属植物天赋美貌，其中一些品种自带纯净与和谐的气质。它们得天独厚，生就完美的色泽和对称的比例，在花境中与其他植物平衡、合美地共生。只要精心设计，它们就能成为花园里漂亮的焦点植物，还能和周遭的花木相映成辉。它们的花朵可简、可繁，或单瓣型或重瓣型，微风拂过，花瓣飘扬。质地细腻、晶莹剔透的花瓣，像折纸作品一样精致，褶皱也极富艺术感，像刚刚从巴黎女装设计师手里捧出的新装一样，也仿佛才用闪着光泽的柔软缎面打磨过似的。色调方面，它们同样柔和而多元。白色、奶油色、柔和的粉色还有柠檬黄的颜色，都是本章要介绍的芍药属植物的常见颜色。当然，强烈的色彩也不是完全就被排除在这扇大门之外。我们可以看到一些深紫色、深红色、黄油色、深粉色等的品种，它们美如水彩画一般。

Claire de Lune

月光

'月光'的花蕾简洁而优雅，白中透绿。开放时，质地细腻、微微卷曲的柠檬黄花瓣徐徐打开，颜色从乳白色迅速过渡到象牙色，花瓣边缘齿状。花心处长满了雄蕊，黄色的花丝顶着橙色的花药，心皮的端部（即柱头。译者注）粉红色。红色的花梗细而硬，在微风中肆意摇荡。'月光'的直径最大可达 10 厘米（4 英寸），散发着柔和的香气。'月光'是一种极好的花境花卉，很受花园设计师的欢迎。

厄尔·怀特博士花了 8 年之久才培育出这个优雅的杂交品种。'月光'的父本和母本分别是源自高加索地区的莫式芍药（*P. mlokosewitschii*）以及原产中亚及东亚的芍药（*P. lactiflora*）。1954 年，来自密苏里州里德的牡丹和芍药种植者吉尔伯特·H. 怀尔德（Gilbert H. Wild）引进了这一杂交品种。

花型：单瓣型

花期：暮春

光照：全日照 / 半日照

土壤：肥沃、富含腐殖质

平均株高：约 85 厘米（2 英尺 10 英寸）

平均冠幅：约 85 厘米（2 英尺 10 英寸）

叶：呈绿色

茎：细长而有力，无须支撑物

用于切花：美丽且花期持久，适用于切花

类似品种：'晚白头翁'（'Late Windflower'）

First Arrival

初来乍到

　　'初来乍到'盛开的花朵有点像 20 世纪 50 年代的纸质胸花,颜色夺目,类似古典月季。每一片花瓣的底部都带有一块明显的樱桃色斑。雄蕊的花丝呈樱桃色,顶部的花药呈硫黄色。雌蕊在雄蕊的团团围绕中伸展出来,最底部有一圈粉色花盘围绕着绿色的心皮和粉色舌状柱头。该品种花朵硕大,十分耀眼,盛开的时候直径可达 15 厘米(6 英寸)。花开之后的颜色也会随时间流逝而改变,渐渐从薰衣草色变为肉粉色调。

　　'初来乍到'是罗杰·安德森培育出的第一款伊藤杂种。伊藤杂种一直都颇为昂贵,但它们的花朵的确十分美妙,物有所值。

花型:半重瓣

花期:孟夏

光照:全日照 / 半日照

土壤:肥沃、富含腐殖质

平均株高:约 60 厘米(2 英尺)

平均冠幅:约 90 厘米(3 英尺)

叶:深绿色

茎:强壮有力,无须支撑物

用于切花:是不错的切花之选

类似品种:'茱莉亚玫瑰'('Julia Rose')

Mikuhino-akebono

御国之曙

　　'御国之曙'是一款来自日本的牡丹，开乳白色的花朵，内轮花瓣呈流苏状，形如精美的羽毛，边缘不规则，极具艺术感，看上去就像是巴黎的女帽设计师专门为装饰帽子而精心制作的。有些花瓣拥有完美的褶皱，随着花开的时间越久，花瓣的褶皱愈加明显，而有些花瓣的边缘就很光滑、完整。花心之中，雄蕊丰富而浓密，长长的花丝呈白色，花药呈硫黄色。盛开的花朵中，紫色的花盘包裹整个心皮，外露的柱头淡紫色，常沾染上黄色的花粉。盛开时，花朵直径可达 18 厘米（7 英寸），极具异域之美，就像一个盛装打扮的 T 台模特，释放出了优雅、雍容和时尚，人见人爱。'御国之曙'是在 1990 年，由桥田（Hashida）培育出来的。

花型： 单瓣

花期： 春季

光照： 全日照 / 半日照

土壤： 肥沃、富含腐殖质

平均株高： 约 120 厘米（4 英尺）

平均冠幅： 约 90 厘米（3 英尺）

叶： 深绿色为主，染红色

茎： 强壮有力

用于切花： 建议剪短花枝，将花朵置于盛水之花碗中

类似品种： 无

Do Tell
窃窃私语

'窃窃私语'仿佛一位南方女子，极尽柔和与美貌，内在又不失坚强。它外轮的花瓣是淡淡的胭脂水粉色，颜色随着花开愈久而愈褪去。在花瓣之内，则像是扣了一大勺覆盆子波纹冰激凌一样，乱蓬蓬、闹哄哄地长满了一团覆盆子色和香草色掺杂的扭曲的条形瓣化雄蕊（如图所示）。花直径可达 13 厘米（5 英寸），散发出淡淡的芬芳，俏丽地绽放在红色枝头。

这款'窃窃私语'由爱德华·奥滕（Edward Auten）于 1946 年推出，在 1984 年荣获美国牡丹芍药协会颁发的金奖，又在 2009 年获得优秀景观奖。

花型：银莲花型

花期：孟夏

光照：全日照 / 半日照

土壤：肥沃、富含腐殖质

平均株高：约 90 厘米（3 英尺）

平均冠幅：约 90 厘米（3 英尺）

叶：深绿色

茎：无须支撑物

用于切花：绝好的切花花材，切花之后，瓶插花期持久

类似品种：'凯尔韦的童话女王'（'Kelway's Fairy Queen'）

Bowl of Cream

奶油之碗

　　这款'奶油之碗'花朵精致芬芳，盛放时奶油般的白色花瓣犹如爆炸一般绽开，抱合的形态恰似一只雅致的碗。花心处的瓣化花瓣排列整齐，花瓣边缘微微起皱，好似荷叶边，一团密集的金黄色雄蕊掩映其中。花朵盛开时，直径可达约 20 厘米（8 英寸）。这个品种虽然看上去十分娇柔，生命力却相当顽强，不惧风雨。

花型： 非常重瓣

花期： 晚春至孟夏

光照： 全日照 / 半日照

土壤： 肥沃、富含腐殖质

平均株高： 约 90 厘米（3 英尺）

平均冠幅： 约 60 ～ 70 厘米（2 英尺～ 2 英尺 4 英寸）

叶： 碧绿

茎： 花朵硕大，花茎直立，通常不需要额外支撑

用于切花： 优秀的切花花材

类似品种： '内穆尔公爵夫人'

Cardinal Vaughan
红衣主教沃恩

19 世纪，这款自带雍容之姿的日本木本牡丹被引入西方世界，并得名'红衣主教沃恩'，它原本的日本名已经不可考。它的花蕾深紫色，随着具有纸张质感的花朵慢慢打开，其颜色也逐渐变为红宝石紫色，正如红衣主教的枢机礼服颜色一般。花心之中的雄蕊仿佛一个雅致的花环，花丝呈紫色而花药呈金黄，绿色的心皮幽然其中。它的花朵呈杯状，盛放时直径可达 15 厘米（6 英寸）。与其他芍药属植物不同的是，日本牡丹有时在种植后的第一年就会开花。

这款牡丹品种以赫伯特·沃恩（Herbert Vaughan）之名命名，从 1892 年开始，到 1903 年去世，沃恩一直担任威斯敏斯特大教堂的罗马主教。他曾为威斯敏斯特大教堂的建立筹集资金，并在 1895 到 1903 年间亲自监督了教堂的建设工作。

花型：重瓣

花期：晚春

光照：全日照 / 半日照

土壤：肥沃、富含腐殖质

平均株高：约 120 厘米（4 英尺）

平均冠幅：约 90 厘米（3 英尺）

叶：深绿色

茎：枝条强壮

用于切花：单品切花尤为合适

类似品种：'花大臣'（'Hana-daijin'，即'Magnificent Flower'）

Krinkled White

白皱

花如其名，'白皱'花瓣为乳白色，呈皱纹纸样，花心处是一圈浓密的金黄色雄蕊。雌蕊的柱头樱花粉色，随着花朵的开放，常会沾染上黄色的花粉。花盛开时，直径可达 15 厘米（6 英寸）。花蕾小巧，白绿相间，每一花枝上有许多侧花，花朵相当繁茂。

'白皱'于 1928 年由来自明尼苏达州法里博的阿奇·麦克·布兰德（Archie Mack Brand）推出，并于 2009 年荣获美国牡丹芍药协会的优秀景观奖。阿奇的父亲奥利弗·布兰德曾经参加过南北战争，他在 1867 年创建了布兰德牡丹芍药农场，父子俩共同推出了很多优秀的美国牡丹和芍药品种。可惜的是，他们的农场生意在大萧条时期遭遇了沉重打击，培育出来的幼苗也被迫挖掉。财务状况缓解后，阿奇就重启了他的芍药和牡丹生意，但是，他再也没试过培育新的品种了。20 世纪 20 年代，农场业务达到了鼎盛时期，苗圃中拥有超过 1000 个芍药和牡丹品种，成为世界上最大的牡丹与芍药种苗生产商。

花型：单瓣

花期：晚春

光照：全日照 / 半日照

土壤：肥沃、富含腐殖质

平均株高：约 78 厘米（2 英尺 7 英寸）

平均冠幅：约 80 厘米（2 英尺 8 英寸）

叶：中绿色

茎：枝条纤长强壮，无须额外支撑

用于切花：很好的切花花材，观赏期长

类似品种：'白色之翼'（'White Wings'）

Nick Shaylor

尼克·夏洛

　　很难想象，一株牡丹或芍药会取这样一个俏皮又刁钻的名字。它的花蕾白色和糖粉色相间，外轮花瓣边缘有一点猩红色。花朵开放时，展现出一种少女风姿，花瓣皱皱的，是粉色混合香草色调，偶尔有些覆盆子红洒在其中，颇似一支冰激凌圣代。花开可达 12 厘米（4.75 英寸）宽，花开之后，颜色渐渐由粉转白，样子十分可爱，可惜没有香气。

　　尼克·夏洛在 1931 年由弗朗西斯·艾里森（Francis Allison）推出，他是牡丹与芍药种植者埃格伯特·夏洛（Egbert Shaylor）的合伙人。该品种分别在 1941 年和 1969 年荣获美国牡丹芍药协会颁发的金奖。

花型： 重瓣

花期： 仲夏

光照： 全日照 / 半日照

土壤： 肥沃、富含腐殖质

平均株高： 约 85 厘米（2 英尺 10 英寸）

平均冠幅： 约 85 厘米（2 英尺 10 英寸）

叶： 淡绿色

茎： 可能需要额外支撑

用于切花： 很好的切花花材，花枝长而坚挺，深受花艺师喜爱

类似品种： '男爵夫人施罗德'（'Baroness Schroeder'）

Reine Hortense

奥坦丝王后

　　'奥坦丝王后'是深受牡丹与芍药爱好者喜爱的一个品种。它风姿绰约，颜色糅合了淑女般的粉与白，略带褶皱和缺口的花瓣层层相叠，让它如同一位蒙着面纱的少女，难以一窥其里。彩色的心皮和柱头几不可见，只能隐约看到里层花瓣中的点点猩红，随着花朵日渐成熟、开放，而后凋谢，隐藏其中的黄色雄蕊也许会显露出来（如图所示）。花开时，直径可达 10 厘米（4 英寸）。如果要说这花有什么缺点，只能说关于它的香味的确存在一些争议。有人认为它散发出来的麝香味让人十分不快，尽管你只有靠得很近的时候，才能闻到这种气味。若论花园种植或作为日常切花使用，'霍尔滕斯皇后'的气味确实谈不上有害，也有一些人表示他们很喜欢这种气味。

　　1857 年，继'霍尔滕斯皇后'之后，'奥坦丝王后'成为法国育种者雅克·卡洛（Jacques Callot）推出的又一力作。'奥坦丝王后'得名于荷兰王后奥坦丝·德·博阿尔内（Hortense de Beauharnais，1783—1837），后者是约瑟芬·德·博阿尔内和拿破仑·博阿尔内子爵的女儿。在拿破仑的安排下，奥坦丝嫁给了拿破仑的弟弟路易·波拿巴（Louis Bonaparte），但她的婚姻生活并不幸福。拿破仑（于 1806 年）任命路易·波拿巴为荷兰国王，奥坦丝也在 1806 至 1810 年间成为荷兰的王后，他们的儿子后来成了法国最后一位皇帝，即路易三世（Louis III）。据称，就是为了讨皇室的欢心，这款牡丹才以路易三世母亲的名字命名。这款'奥坦丝王后'还有另外一个为人熟知的名字，即塔夫脱总统（President Taft）[1]。

花型：重瓣

花期：孟夏至仲夏

光照：全日照 / 半日照

土壤：肥沃、富含腐殖质

平均株高：约 85 厘米（2 英尺 10 英寸）

平均冠幅：约 80 厘米（2 英尺 8 英寸）

叶：深灰绿色

茎：枝干虽然强壮，但花朵沉重，可能需要额外支撑

用于切花：可持久开放

类似品种：'莎拉·伯恩哈特'

1　威廉·霍华德·塔夫脱（William Howard Taft），生于 1857 年 9 月 15 日，逝世于 1930 年 3 月 8 日，第 27 任美国总统。

Blaze

光辉

　　'光辉'花型简洁，色彩明快，明亮的猩红色让人一眼难忘。花径开时可达 15 厘米（6 英寸）。它的叶子厚实而美丽，花朵在茂密的枝头轻摆，天然一副完美的花园植物姿态。花开时，绽放出流苏一般的雄蕊，花药黄色，花丝的颜色则是著名的夏帕瑞丽粉（Schiaparelli pink）。花开之后，随着时间推移，雄蕊慢慢变平，露出藏在其中的雌蕊，心皮呈鼠尾草色，而柱头呈粉红色。这种花尤其适合种在混合花境的边缘地带。

　　这款'光辉'由奥维尔·W. 费伊在 1973 年推出。费伊来自美国伊利诺伊州的布鲁克（Northbrook），是一位受人尊敬的植物育种专家。他还曾推出过不少获奖品种，其中包括鸢尾、百合和水仙。

花型：单瓣

花期：孟夏

光照：全日照 / 半日照

土壤：肥沃、富含腐殖质

平均株高：约 75 厘米（2 英尺 6 英寸）

平均冠幅：约 90 厘米（3 英尺）

叶：中绿色

茎：枝干强壮，很少需要额外支撑

用于切花：优秀的切花花材

类似品种：'火焰'（'Flame'）

Renkaku

连鹤

　　这款日本杂交牡丹的起源鲜为人知，但是它的名字（意为"飞翔的鹤群"）自 1898 年起就有记载了，真正推出的时间也许更早。'连鹤'开放时，花朵硕大，珊珊可爱，白色的花瓣犹如鹤羽，质地轻柔，边缘呈犬牙参差，有微微褶皱，基部呈少许淡淡的水粉色，再往上瞬而转白。花心处是一小圈硫黄色的雄蕊。花多在黄昏斜阳下开放，盛开时花朵直径可达 20 厘米（8 英寸），花朵中仿佛能透出光来。小小的紫色心皮被奶油色的花盘包被，只有花朵完全开放的时候才有机会看到。

花型：半重瓣

花期：晚春

光照：全日照 / 半日照

土壤：肥沃、富含腐殖质

平均株高：约 120 厘米（4 英尺）

平均冠幅：约 90 厘米（3 英尺）

叶：深绿色

茎：枝干强壮

用于切花：花朵美丽，但观赏期短，且极为需水

类似品种：'岛根白雁'（'Shimane-hakugan'，'しまねはくがん'）

Rubra Plena

红重瓣

当人们谈到牡丹的时候，好多人的第一反应，就是这个品种的样子。这是一款经典的庭院牡丹品种，它的足迹遍布各地，分布范围极广。它的花蕾呈深红色，开放时也是红红的一大团，初时红色，很快颜色变暗，继而又变成淡粉色。它的花瓣挺立，形成一个穹顶，雄蕊和心皮清晰可见。花开时，直径可达 15 厘米（6 英寸），花朵极重，遇到下雨天，甚至会直接砸到地面上。这个品种没有香气，但十分强健。

'红重瓣'的培育历经几个世纪，来源已不可考。然而，正是它绵长的历史，让它成了牡丹大众意义上的代表。在美国，它曾被指定为"阵亡将士纪念日"牡丹，这个纪念日是美国法定纪念日，在 5 月最后一个星期一，用来纪念牺牲的美国军人。这个品种十分常见，因此成为纪念逝者的首选花卉。'红重瓣'在 1933 年荣获英国皇家园艺学会颁发的优秀园艺奖。

花型： 重瓣

花期： 晚春

光照： 全日照 / 半日照

土壤： 喜爱肥沃、富含腐殖质的土壤

平均株高： 约 60 厘米（2 英尺）

平均冠幅： 约 60 厘米（2 英尺）

叶： 浅绿色

茎： 需要支撑

用于切花： 作为"阵亡将士纪念日"牡丹，它在切花市场早有名气

类似品种： '百岁老人'——安杰洛·科布·弗里博恩（'Angelo Cobb Freeborn'）

Duchesse de Nemours

内穆尔公爵夫人

　　这个品种完全展现了何为优雅与魅力，如同一位端庄慈爱的年长女士。它美貌动人，曾经被亨利·方丹-拉图尔（Henri Fantin-Latour）和莫奈收入画中。'内穆尔公爵夫人'的花蕾呈白绿色，花开之后是一种极为迷人的纯白，花呈碗状。花开时间越久，外侧花瓣就越向外反卷，露出内侧卷曲的花瓣，花瓣基部都略带樱草黄色，形态如同一顶王冠。一旦种好，这个健壮的品种就会大量开花，每朵都带有强烈而甜美的芬芳，散发着铃兰一般的香气。花开时，直径可达 13 厘米（5 英寸）。

　　'内穆尔公爵夫人'于 1856 年由雅克·卡洛推出，雅克来自法国北部城市杜埃，是一名种植者。他培育了 20 个新品种，其中大部分直至今天仍然广受欢迎。'内穆尔公爵夫人'于 1993 年荣获英国皇家园艺学会颁发的优秀园艺奖。

花型：重瓣

花期：孟夏

光照：全日照 / 半日照

土壤：肥沃、富含腐殖质

平均株高：约 80 厘米（2 英尺 8 英寸）

平均冠幅：约 85 厘米（2 英尺 10 英寸）

叶：深绿色

茎：枝干相当强健，但仍然可能需要支撑

用于切花：极佳的切花选择，自带浓郁芳香

类似品种：'雷蒙恩夫人'（'Madame Lemoine'）

DRAMATIC

惊喜

牡丹与芍药在花朵构造上的花样繁多，给人惊喜。显然，它们的形态是如此不拘一格，即便是最简单的五瓣花，也能开出充满异国情调的花边、星点、条纹、水染、斑点等不同花样，极尽吸睛之能事，让你的眼睛不由自主地看向花心。为了展现自己的姿态，它们仿佛可以打翻世界上所有调色盘，为自己添彩。即便是一眼望上去十分"端庄"的品种，也非常值得细细观赏。它们堪比最有魅力的舞者，看似微不足道，实则魅力惊人。它们的花丝精致，花药上散着细细的花粉。圆润饱满的子房，湿润的柱头和花柱，为它们孕育下一代生命。它们的繁殖象征如此鲜明，让人无法忽视。即便这些都无法引起你的注意，牡丹与芍药还会绽放极美的花朵，犹如好莱坞电影中的塞壬[1]一般。实际上，这些诱人的美好品种中有很多都是不育的，它们只能通过分株或嫁接等无性繁殖的方法培育。但它们就是这么美丽，你肯定会不假思索地关注它们。

1　塞壬是希腊神话中人首鸟身的女怪物，又被称为海妖或美人鸟。她们姿容娇艳、体态优雅，有时也被描绘为美人鱼。

Bartzella

巴茨拉

　　'巴茨拉'是伊藤杂种中最出名的一个品种，它于 1996 年甫一面世就引发了轰动，那时每个分株的转手价可高达 1000 美元。这款金丝雀黄的品种，开半重瓣花，但如果在花开之后剪去残花，它还有可能开出第二波较小型的重瓣花。每片花瓣的基部都呈红色，花盛开时，可以看到花心处有一大团淡黄色的、毛茸茸的雄蕊。它枝干强壮，相应的花量也巨大，花朵靓丽，绽放枝头直径可达 24 厘米（9.5 英寸）。它的花有一种十分宜人，带些辛辣气息的柠檬香。如果它接连二次开花，需要在开花之后施肥，以保证第二年的生长。

　　'巴茨拉'的培育者罗杰·安德森从他的祖母那里学习了中国牡丹的知识，他本人从 1972 年开始尝试培育伊藤杂种。安德森花了 10 年的时间找到合适的育种亲本，之后又经过多年的耐心授粉，才取得了成功。巴茨拉生长了 6 年才初次开花，即使是第一次开花，它也开出了 30 朵之多。直到 1992 年，巴茨拉才被销售出去。截至本书写作时，安德森培育的伊藤杂种数量超出了其他任何一个培育者，他也由此声名在外。'巴茨拉'的这个名字源自安德森在阿特金森堡（Fort Atkinson）的牧师之名。

　　'巴茨拉'在 2006 年荣获美国牡丹芍药协会的金奖，并在 2012 年荣获英国皇家园艺学会颁发的优秀园艺奖。

花型：半重瓣至重瓣

花期：晚春至孟夏

光照：全日照 / 半日照

土壤：肥沃、富含腐殖质

平均株高：约 75 厘米（2 英尺 6 英寸）

平均冠幅：约 90 厘米（3 英尺）

叶：深绿色

茎：枝干相当强健，不需要额外支撑

用于切花：极佳的切花选择，花开可以持续一周

类似品种：'花园珍宝'

Black Pirate

黑海盗

　　'黑海盗'是一款杂交牡丹，它于晚春开放，开放时格外引人注目。它的花"用色"大胆，那是一种很浓郁的暗红色，随着花开越久，颜色也越重越暗。它枝干挺直，花朵为半重瓣，微微下垂，让人可以一窥它多彩的花心处。它的雄蕊上金色的花药，由精致的红色花丝衬托着，绿色的心皮上是粉色的柱头。'黑海盗'繁殖不易，因此价格并不便宜，但值得庆幸的是，它像所有牡丹一样，易于种植，所以你可以放心购入，它不会让你失望。

　　它的培育者亚瑟·桑德斯是牡丹和芍药的"死忠"粉丝。他的成就极为惊人，一生共培育了 17 224 种牡丹和芍药，'黑珍珠'是他在 1948 年培育出来的。桑德斯致力于培育出长花期品种，也期待能培育出更多新的颜色。他还是个完美主义者，只发布那些最好的新品种。在长达 50 年的职业生涯里，他认为他的杂交品种中只有 165 种值得推向市场出售。更令人印象深刻的是，桑德斯在培育牡丹和芍药之余还是一位全职的化学教授，在纽约州克林顿市的汉密尔顿学院（Hamilton College）任职。他还曾出任美国牡丹芍药协会的理事、秘书和副会长。

花型：单瓣或半重瓣

花期：晚春至孟夏

光照：全日照 / 半日照

土壤：肥沃、富含腐殖质

平均株高：约 120 厘米（4 英尺）

平均冠幅：约 90 厘米（3 英尺）

叶：深绿色

茎：枝干强健，不需要额外支撑

用于切花：花朵让人惊艳，但稍有下垂

类似品种：'黑豹'（'Black Panther'）

Coral Charm
珊瑚魅力

　　世界上有的花颜色极其艳丽、大胆，故而成了庆典里不可或缺的装饰，用来烘托欢乐的气氛。'珊瑚魅力'就是其中一种。它不是新娘的妈妈会佩戴的那种颜色略淡的花，相反，它的外轮花瓣颜色十分浓烈，呈橘红色。它的花瓣十分光滑，盛开时状如荷花，颜色向中央渐变，茅草一般的橘黄色雄蕊隐映其中。心皮是绿色的，上边的柱头则是覆盆子粉色的。时尚杂志看到它也许会说——感觉这种搭配根本行不通，但它偏偏就成了！花开时，直径可达 12 厘米（4.75 英寸），花色会随时间推移而褪色，慢慢变成奶粉色。（如图所示）

　　这个品种由来自美国伊利诺伊州隆巴德的塞缪尔·威辛（Samuel Wissing，1899—1970）在 1964 年推出，在 2012 年荣获英国皇家园艺学会颁发的优秀园艺奖，并在 1986 年荣获美国牡丹芍药协会颁发的金奖。

花型：半重瓣

花期：孟夏至仲夏

光照：全日照 / 半日照

土壤：肥沃、富含腐殖质

平均株高：约 95 厘米（3 英尺 2 英寸）

平均冠幅：约 60 厘米（2 英尺）

叶：深绿色

茎：枝干强健，不需要额外支撑

用于切花：极佳的切花花材，和淡绿色的枝叶或花朵一起插花时，尤其好看

类似品种：'珊瑚日落'（'Coral Sunset'）

Court Jester

宫廷小丑

'宫廷小丑'是一款相对矮小的伊藤杂种，花期相当长，可达 6 周；而且，第二波的花往往比初花更好看，这一点基本得到了广泛认同。它的花主色呈杏色，底部呈深酒红色。酒红色会随着花开慢慢晕染，就像一个亮色的唇膏慢慢晕染了唇线一样。同时，花瓣杏色的部分也在慢慢褪色，逐渐变成奶油淡粉色。心皮是绿色的，随着时间推移逐渐变成深紫色，柱头是覆盆子粉色的，外边围着厚厚一圈黄色雄蕊。整朵花看起来就像是水彩在雨中慢慢溶化。和大部分伊藤杂种相比，它的花就显得小多了，即便盛放，直径最多也只能达到 10 厘米（4 英寸），花开时散发出迷人的芳香。

'宫廷小丑'由罗杰·安德森在美国威斯康星州培育而成。它于 1988 年初次开花，在 1999 年被正式推出。

花型： 半重瓣

花期： 晚春

光照： 全日照 / 半日照

土壤： 肥沃、富含腐殖质

平均株高： 约 80 厘米（2 英尺 8 英寸）

平均冠幅： 约 60 厘米（2 英尺）

叶： 深绿色

茎： 不需要额外支撑

用于切花： 极佳的切花花材，可以做单花花束，也可以和蓝色或者紫色的花材搭配。

类似品种： '安提戈涅'（'Antigone'）

Duchess of Kent

肯特公爵夫人

　　这款牡丹品种的花蕾呈郁金香状，花开之后，你会看到一大团华丽的超亮荧光粉色（夏帕瑞丽粉）的花瓣，随着时间推移，花瓣会慢慢变成紫罗兰色。它容貌绝美，犹如一朵超大号的胸花。花瓣向外展开，露出了里面色彩丰富的花心——柱头粉紫色，雌蕊瓣化成像体操运动员卷曲的彩色缎带一样。不仅如此，它整体仿佛出自一位女装设计师的手笔，用色十分大胆，就连茎也是红色的。

　　'肯特公爵夫人'是一款伊藤杂种，大概在 1900 年左右由凯尔韦家族推出，名字来源于维多利亚女王的母亲，萨克森 - 科堡 - 萨尔费尔德的维多利亚公主，本名玛丽·路易丝·维多利亚（Mary Louise Victoria，1786—1861）。在第一任丈夫去世后，这位公主于 1818 年转而嫁给了肯特及斯特拉森公爵，此后成为肯特公爵夫人。她的女儿维多利亚于 1837 年从叔叔威廉四世手中继承了英国王位。

花型：重瓣

花期：晚春至孟夏

光照：全日照 / 半日照

土壤：肥沃、富含腐殖质

平均株高：约 120 厘米（4 英尺）

平均冠幅：约 90 厘米（3 英尺）

叶：深绿色

茎：枝干强壮，不需要额外支撑

用于切花：花本身很美，但是花枝略短

类似品种：'马尔巴罗公爵夫人'（'Duchess of Marlborough'）与其类似，但呈更浅一些的粉色

Gay Paree

悦巴黎

　　'悦巴黎'的花朵十分吸睛。一圈淡紫色的外轮花瓣，包围着一团小山丘一般的齿裂瓣化雄蕊，其上每一片瓣化瓣的尖端都呈白色，底部呈奶油黄色调。这个品种有淡淡的芳香，随着花朵开放，外层花瓣的色泽会慢慢褪去，瓣化瓣则会继续生长，花朵的体积也随之变大，直径最终可达 10 厘米（4 英寸）。

　　'悦巴黎'由种植爱好者爱德华·奥滕于 1933 年推出，在 2014 年荣获美国牡丹芍药协会颁发的优秀景观奖。

花型：银莲花型

花期：孟夏

光照：全日照 / 半日照

土壤：肥沃、富含腐殖质

平均株高：约 75 厘米（2 英尺 6 英寸）

平均冠幅：约 90 厘米（3 英尺）

叶：中绿色

茎：如有支撑，对花来说更好

用于切花：极佳的切花选择，美观且可长久摆放

类似品种：'魔力宝珠'（'Magic Orb'）

Salmon Beauty

鲑美人

从色调上看，比起真正的鲑鱼，'鲑美人'的颜色偏糖粉色调。'鲑美人'是一款花开繁茂的重瓣花，弯曲的花瓣会随着开放逐渐变色，从深紫红色变为白色。外轮花瓣抱合呈杯状，中间包裹着大团的瓣化雄蕊，这些花瓣上都有一些深粉色的线条，不仔细看根本看不出来。

'鲑美人'在 1939 年由莱曼·D. 格拉斯卡克（Lyman D. Glasscock，1875 — 1972）和奥滕推出。莱曼是一位伊利诺伊州的建筑承包商，后来成了一位有名的牡丹和芍药育种者。他从为阵亡将士纪念日培育牡丹和芍药开始涉足育种，前文也提到过，阵亡将士纪念日是美国的一个纪念日，用来纪念战争中阵亡的美军官兵。然而，大部分品种到了 5 月 30 号之前都尚未盛放，这让人十分沮丧。因此，莱曼致力于培育出一些早开的品种，如'鲑美人'。他也为此和美国其他著名的芍药和牡丹培育者携手合作，其中就包括奥滕和克莱姆家族（Klehms）。

花型： 重瓣

花期： 晚春

光照： 全日照 / 半日照

土壤： 肥沃、富含腐殖质

平均株高： 约 85 厘米（2 英尺 10 英寸）

平均冠幅： 约 60 厘米（2 英尺）

叶： 鲜绿

茎： 如有支撑，对花来说更好

用于切花： 极佳的切花选择，枝干挺拔，可长久摆放

类似品种： '艾玛·克莱姆'（'Emma Klehm'）

Chocolate Soldier

巧克力士兵

　　这款品种娇小玲珑，花深棕红色，花瓣富有光泽，且带暗纹。通常来讲，这个品种的花虽是日本型，但同一株也能开出完全重瓣花。心皮奶油色，柱头糖粉色，环绕着一圈长长的雄蕊，雄蕊花丝呈亮红色，花药呈硫黄色。

　　'巧克力士兵'由美国伊利诺伊州普林斯维尔的爱德华·奥滕在 1939 年推出。奥滕是一位职业银行家，他年轻时就开始培育牡丹和芍药，在 40 余年的培育生涯里推出了约 300 个品种。

花型： 日式至重瓣

花期： 仲春

光照： 全日照 / 半日照

土壤： 肥沃、富含腐殖质

平均株高： 约 70 厘米（2 英尺 4 英寸）

平均冠幅： 约 60 厘米（2 英尺）

叶： 深绿色

茎： 花茎坚挺，无须额外支撑

用于切花： 极佳的切花选择，切花可长久摆放

类似品种： '威廉·F. 特纳'（'William F. Turner'）

Sequestered Sunshine

隐匿阳光

　　如同它的名字一样，这款品种明黄色的花朵，挺拔的枝干，丰茂的叶子，无一不散发着盎然的生机。每片花瓣基部都有红色的亮斑，花丝和花药均为黄色，故而雄蕊在心皮外形成了一簇毛茸茸的完美圆环。心皮呈绿色，顶部华丽而短小的柱头呈覆盆子粉色，看起来就像正准备涂上嘴唇的口红。花朵绽放时，直径可达 18 厘米（7 英寸），散发着旖旎的辛辣芳香。

　　这款伊藤杂种出自伟大的罗杰·安德森之手，并在 1999 年推出。安德森是著名育种专家，从孩提时期初次在祖母的花园里发现圆圆的蓓蕾起，他就展现了对牡丹和芍药的极大兴趣。当初的那次发现也为他指引了一生的兴趣。

花型：单瓣至半重瓣

花期：晚春

光照：全日照 / 半日照

土壤：肥沃、富含腐殖质

平均株高：约 80 厘米（2 英尺 8 英寸）

平均冠幅：约 90 厘米（3 英尺）

叶：革质叶，中绿色

茎：花茎坚挺，无须额外支撑

用于切花：不错的切花选择

类似品种：'巴茨拉'

Shawnee Chief

肖尼酋长

　　这是一款充满活力、表现良好的品种，能适应大部分土壤环境。它的花蕾是深红色的，开放之时，花团锦簇，花瓣是浓烈而张扬的覆盆子红色。如果植株生长在有部分遮荫的地方，花色则会更加浓郁，反之全光照射下则会轻微褪色。花朵之大令人印象深刻，开放时，直径可达 15 厘米（6 英寸），还散发着迷人的芳香。它的雄蕊金黄色，厚厚的一丛深藏在花心处，只有当花朵完全打开的时候，才能透过花瓣之间的缝隙略窥其貌。

　　'肖尼酋长'由迈伦·比格在 1940 年推出。比格是一位来自堪萨斯州托皮卡（Topeka）的奶农，在 1935 年转行从事牡丹和芍药种植。在他 3.2 公顷（8 英亩）的种植区内，每年都能产出大概 72 000 到 84 000 枝鲜切花。他的育种方法十分简单，只是把授粉的工作全部放心地交给蜜蜂们去完成，而这种方式也为他带来了成功——他总共推出了大约 50 个品种，他本人也在 1977 年荣获美国牡丹芍药协会颁发的金奖。

花型：重瓣

花期：孟夏

光照：全日照 / 半日照

土壤：肥沃、富含腐殖质

平均株高：约 95 厘米（3 英尺 2 英寸）

平均冠幅：约 60 厘米（2 英尺）

叶：春天青铜色，随后转为深绿色

茎：无需额外支撑

用于切花：茎长而花美，可以在花蕾时期就做切花使用

类似品种：'菲利普·里沃'（'Philippe Rivoire'）

White Cap
白帽子

对于这个品种来说，'白帽子'这个名字在花蕾时期会显得有些奇怪，因为它的外轮花瓣是深甜菜根红色的。随着花朵慢慢打开，你会看到深色的外轮花瓣中间是小山丘一般的毛茸茸的瓣化雄蕊，这些带有锯齿边的瓣化瓣呈粉色或淡橘色，看上去就像一个奇妙的冰沙色帽子。随着花朵开放，颜色也会发生变化，退化雄蕊会慢慢变为深浅不一的粉色、浅黄色、奶油色，乃至白色。这个品种带有芳香，盛开时花朵可达 10 厘米（4 英寸）宽，颜色持久不褪，但如果午后能有些遮荫会对它们更好。

'白帽子'是日本杂交品种，由乔治·E. 温切尔（George E. Winchell）于 1956 年推出，并在 2009 年荣获美国牡丹芍药协会颁发的优秀景观奖。

花型：日式

花期：孟夏

光照：全日照 / 半日照

土壤：肥沃、富含腐殖质

平均株高：约 80 厘米（2 英尺 8 英寸）

平均冠幅：约 75 厘米（2 英尺 6 英寸）

叶：中绿色

茎：枝干坚挺，几乎不需要额外支撑

用于切花：不错的切花选择

类似品种：'悦巴黎'

Souvenir de Maxime Cornu

金阁

注：金阁，直译为"纪念马克西姆·科尔尼"。马里·马克西姆·科尔尼（Marie Maxime Cornu），法国植物学家和真菌学家，1872 年获得自然科学博士学位，1897 年被任命为法国植物学会的主席。

这个牡丹品种花瓣质地纤柔，在阳光的照射下，花瓣几近透明，如欧根纱制作的胸花一般。它的颜色就像约瑟夫·马洛德·威廉·特纳（J. M. W Turner）的画作《被拖去解体的战舰无畏号》（The Fighting Temeraire）一般，从黄色起，渐渐变幻出些许橘色和杏色，你再仔细观察，其中还暗含着红色、粉色、浅黄色、柠檬色和紫罗兰色，诸多颜色微妙地交融于其中，千变万化，又如此和谐。在花朵完全盛开时，你可以看到其中夹杂的硫黄色的雄蕊，而花的直径可达 20 厘米（8 英寸）。

这个品种的一枝能开出 3 朵花来。开放的花朵总是谦逊地低下头，展现出那种迷人的娇羞，仿佛因为过于美貌而羞于见人似的。有的人将其视为这个品种的缺陷，但是由于这花实在太美，所以人们往往更加关注怎样给它选个好位置，才能自下而上地欣赏它的美好。

'金阁'于 1897 年由法国的育种者路易斯·亨利（Louis Henry）推出。它的名字来源于马克西姆·科尔尼教授，是对他的一个小小讽刺。这位教授是一位植物学家，也是巴黎植物园的主管，他曾经不顾亨利的努力，宣称黄牡丹杂交不出什么好品种。然而，金阁的一个亲本就是黄牡丹。路易斯·亨利以此回应了科尔尼教授的偏见。在日本，这个品种被称为金阁（Kinkaku）。

花型：重瓣

花期：暮春

光照：全日照 / 半日照

土壤：肥沃、富含腐殖质

平均株高：约 120 厘米（4 英尺）

平均冠幅：约 90 厘米（3 英尺）

叶：浅绿色

茎：枝干虽然很强壮，但花开时还是会垂头

用于切花：放在花瓶里，绝对引人注目

类似品种：'卡丽的回忆'（Callie's Memory）与其颜色类似，但前者是半重瓣的；
　　　　　　还有一款类似品种：'金鸡'（'Chromatella'）

Rimpo

麟凤（りんぽう）

　　这一牡丹品种源自日本，花开精美，花朵硕大，配色庄严，甚至带有一些宗教的肃穆感。花深紫红色，直径可达 24 厘米（9.5 英寸），随着花开，颜色渐渐从红衣主教的红色转变成雍容华贵的紫色。它的花朵气味芳香，花心中是一丛黄色的雄蕊，正中露出白色的花柱和柱头。这款华美的牡丹来源于日本，最早可以追溯到 1926 年以前。

花型：半重瓣

花期：暮春

光照：全日照 / 半日照

土壤：肥沃、富含腐殖质

平均株高：约 120 厘米（4 英尺）

平均冠幅：约 90 厘米（3 英尺）

叶：灰绿色

茎：枝干强壮，无须额外支撑

用于切花：放在花瓶里，让人难以忽视

类似品种：'黑龙锦'（'Black Dragon Brocade'），色调相近，不过是单瓣品种

芍药属植物天生一副浪漫姿态，如今，这姿态毋庸置疑地让它们成了春季婚礼中最受欢迎的团宠之一。它们不仅仅是浪漫、幸福、财富的象征，其外形本身，已经足够展现出浪漫应有的模样。它们的美丽声名在外，早已流传了数千年。无数的艺术家、纺织品设计师都从它们身上找到灵感来源；园丁们也被它们深深吸引，前赴后继、经年累月地投身于杂交，只求能创造出花朵完美的品种。它们芳香可爱，令人怦然心动；它们妩媚妖娆，简直美得冒泡。它们的花瓣仿佛涵盖了世间所有甜美可人的色彩，从淡粉色、杏色、奶油色、深浅不一的白色，到深色、暗红色，再到包括从柠檬雪葩色到淡奶油色在内的各种各样的黄色。

ROMANTIC

浪漫

Sarah Bernhardt

莎拉·伯恩哈特

　　这款品种盛开时是如此的柔和、美丽，集浪漫与优雅于一身，难怪在英国最大的鲜花市场——新考文特花园市场（New Covent Garden）中成为当之无愧的春季婚礼中芍药属鲜花首选品种。这个品种的花蕾呈覆盆子波纹冰激凌的颜色，开放后，它的花朵繁茂，玫瑰粉色的花瓣尽显浪漫气质，而且天生带有甜美感。每片花瓣从基部到顶部颜色由浓转淡，随着花朵开放，整朵花也会逐渐变为白色。花开时，直径可达 20 厘米（8 英寸），可以说花朵十分硕大了。花心处是一圈黄色的雄蕊。'莎拉·伯恩哈特'也有其劣势，其中之一就是它的枝干相对柔软，仿佛难以支撑它爆发的花朵们。但是，这个小小的缺点无法掩盖它的光辉，毕竟，它是全年中最晚盛开的品种之一，有了它，花园中芍药属植物的花期就可以延长那么一阵子了。

　　它由法国伟大的育种师维克多·勒莫因于 1906 年推出，至今，这个历史悠久的绝代佳人仍然是最受市场欢迎的品种之一。在世界任何地方的鲜花市场中，都不乏它的身影，更别说它在切花市场也广受欢迎。据称，这个品种可以持续复花长达 2 周。莎拉·伯恩哈特在 1993 年获得英国皇家园艺学会颁发的优秀园艺奖。这个品种与法国伟大的女演员莎拉·伯恩哈特（1844—1923）同名，也是为了向这位女演员致敬。这位女演员曾获得法国最高荣誉——法国荣誉军团勋章（Légion d'Honneur）。[1]

花型： 台阁型

花期： 孟夏至仲夏

光照： 全日照 / 半日照

土壤： 肥沃、富含腐殖质

平均株高： 约 100 厘米（3 英尺 3 英寸）

平均冠幅： 约 90 厘米（3 英尺）

叶： 深绿色

茎： 最好有支撑

用于切花： 很流行的切花花材

类似品种： '奥坦丝王后'（'Reine Hortense'），'阿尔伯特·克鲁斯'（'Albert Crousse'）

1　这一奖项的获得时间是 1914 年，而非原著标注的同名品种推出的 1906 年。资料来源：维基百科 https://en.wikipedia.org/wiki/Sarah_Bernhardt。

Buckeye Belle

桫椤美人

　　这个品种的花蕾是酒红色的，随着时间推移，它光滑的深色花瓣渐渐打开，开成了一朵美丽的碗状花。花开越久，颜色越深，花心中慢慢露出的雄蕊，有着细细的红色花丝和硫黄色的花药，雄蕊夹杂在血红色的瓣化瓣间。奶油色心皮上和覆盆子粉色的柱头又为此花增添了一抹亮色。

　　'桫椤美人'由沃尔特·梅因斯（Walter Mains，1880 — 1965）于 1956 年推出。梅因斯来自美国俄亥俄州洛根县的贝利中心村，他从事过许多工作，包括邮递员、教师以及铁路工人，闲暇时间，他以培育牡丹和芍药为乐，并且还推出了 3 个全新品种。'桫椤美人'这个品种于 2009 年获得了美国牡丹芍药协会颁发的优秀景观奖。

花型：半重瓣

花期：暮春

光照：全日照 / 半日照

土壤：肥沃、富含腐殖质

平均株高：约 90 厘米（3 英尺）

平均冠幅：约 90 厘米（3 英尺）

叶：碧绿

茎：枝干强壮，无须额外支撑

用于切花：十分显眼的切花花材

类似品种：'光辉'，'伊利尼勇士'（'Illini Warrior'）

Canary Brilliant

金丝雀宝石

这款伊藤杂种外形极好，独具一格。就像宝石在阳光下会展现不同的色泽一样，'金丝雀宝石'也拥有变幻的色彩——花朵在开放过程中产生微妙的颜色变化使人着迷。在花蕾时期，它还是浅黄色的。开放后的花朵，外层呈深奶油色，花心呈淡玫瑰粉色，花瓣质地像纸巾一样柔软，而形状美得像日本折纸的褶皱一般。再开一阵子，这花又会慢慢变成杏色，最终变为奶油黄色。开到尾声时，这花已经慢慢变成了杯状，直径可达 10 厘米（4 英寸），而那色彩斑斓的花心也终于盛放在人前，花瓣基部是樱桃红色的色斑，中心则是浓密的淡黄色雄蕊。绿色的皱皱的心皮开始还藏在黄色的花盘中，此时外露，长长的黄色柱头上渗出黏液。这个品种之变幻莫测不仅体现在花色会随着时间发生改变，有的花朵还会比同一株上的其他花朵的颜色更浓郁，甚至还能开出重瓣花来。

美国人罗杰·安德森是一位自学成才的牡丹和芍药育种人，他于 1999 年推出了这个伊藤杂种。2010 年，该品种荣获了美国牡丹芍药协会的优秀景观奖。

花型： 半重瓣

花期： 暮春

光照： 全日照 / 半日照

土壤： 肥沃、富含腐殖质

平均株高： 约 70 厘米（2 英尺 4 英寸）

平均冠幅： 约 90 厘米（3 英尺）

叶： 深绿色

茎： 枝干强壮，无须额外支撑

用于切花： 不错的切花花材

类似品种： '雨中曲'（'Singing in the Rain'）

Charlie's White
查理之白

　　如同所有绣球型品种一样，'查理之白'的绽放过程也让人观之心生喜悦。从小巧迷你的白绿色花蕾到艳丽盛开的花朵，谁看了会不快乐呢？它的外轮花瓣硕大，呈奶白色，里边圈着的则是一簇小小的、奶油色的像小山丘一样排列的内轮花瓣。所有花瓣的基部都呈淡淡的黄色，整朵花看起来就像是由内而外发着光一样。花开时，直径可达 15 厘米（6 英寸），花开之后，颜色逐日转淡，最终化为白色。这个品种有淡淡的芳香，在切花市场广受欢迎，商业化运作已然成熟。

　　这个品种于 1951 年由卡尔·G. 克莱姆（Carl G. Klehm，1916—1973）推出。克莱姆家族中首位对牡丹和芍药产生兴趣的是卡尔的父亲，查尔斯·克莱姆，'查理之白'就是由查尔斯培育的。克莱姆的家族生意歌雀农场和苗圃（Song Sparrow Farm and Nursery）至今还在运营中，就在威斯康星州的阿瓦隆市，只不过，如今他们已经不再出售这个品种了。

花型： 台阁型

花期： 暮春

光照： 全日照 / 半日照

土壤： 肥沃、富含腐殖质

平均株高： 约 90 厘米（3 英尺）

平均冠幅： 约 90 厘米（3 英尺）

叶： 深绿色

茎： 枝干强壮，偶尔会需要额外支撑

用于切花： 令人惊艳的切花花材，花期持久

类似品种： '新娘礼服'（'Bridal Gown'）

Coral Sunset

珊瑚日落

　　这个品种从花蕾到盛放，颜色都仿佛夕阳一般绚烂，'珊瑚日落'之名起得恰到好处。每逢盛开时，它柔和的色泽总让人不由联想到约瑟夫·马洛德·威廉·特纳的画作《被拖去解体的战舰无畏号》。从花蕾时期到初开，它都呈西瓜粉色，而后转为熟杏色，待到盛放时又转为浓郁的奶油色。'珊瑚日落'花量极大，杯形的花朵十分精美，直径可达 12 厘米（4.75 英寸），傲立在强壮的枝头。花心处是厚厚的一圈硫黄色雄蕊，围绕着中间绿色的心皮和雪葩粉色的柱头。

　　'珊瑚日落'由来自伊利诺伊州朗伯德村的塞缪尔·威辛在 1964 年杂交而成，并在 1981 年由克莱姆苗圃（Klehm Nursery）推出。2003 年，这个品种荣获了美国牡丹芍药协会的金奖，之后又在 2009 年获得了该学会颁发的优秀景观奖。

花型：半重瓣

花期：暮春

光照：全日照 / 半日照

土壤：肥沃、富含腐殖质

平均株高：约 80 厘米（2 英尺 8 英寸）

平均冠幅：约 60 厘米（2 英尺）

叶：深绿色

茎：枝干强壮，不需要额外支撑

用于切花：极佳的切花花材

类似品种：'珊瑚魅力'（'Coral Charm'）

Duchess of Marlborough
马尔巴罗公爵夫人

　　这款牡丹气质优雅，能开出精致的淡粉色（而非紫罗兰色）花朵，花瓣略带褶皱，质地像纸巾一样，看上去十分细腻。它健壮的枝条肆意生长，花朵硕大，引人驻足，盛开时直径可达 30 厘米（12 英寸）。该品种萼片呈柠檬绿色，当萼片向后翻折时，贝壳粉色的花蕾就从中奋力挣脱，冒出头来。它盛放的花朵极具方丹 - 拉图尔静物画中描绘的那种特别的细致和美好。它仿佛一场由粉色娇柔花瓣组成的盛大交响乐，有着起伏跌宕的美感，从盛开到落幕的过程中，花瓣的颜色也会渐渐转淡。花心之中是绿色的心皮，柱头呈覆盆子粉色，包裹在奶油色的花盘里。花心之外是一圈雄蕊，花丝超细，呈覆盆子色，花药则呈雄黄色。英国的凯尔韦家族专门从事芍药属植物的培育和种植工作，该家族将这个品种推向市场已长达百余年。时至今日，这款牡丹仍然是英国最畅销的品种之一。

　　这个品种来源成谜，只大概知道最初是在日本培育出来的。正如很多在 19 世纪传入英国和欧洲的植物一样，在新的环境里，这些植物大多都被重新命名。1897 年，凯尔韦家族推出了这款品种，全新的品种名称是为了向美国的康斯薇露·范德比尔特（Consuelo Vanderbilt，1877 — 1964）[1]致敬。康斯薇露·范德比尔特于 1895 年嫁给了查尔斯·理查德·斯宾塞 - 丘吉尔（第九世马尔巴罗公爵）。彼时，她其实已心有所属，但为了迎合爱慕虚荣的母亲，最终还是嫁给了公爵。随她一起嫁进去的，还有十分丰厚的嫁妆。正是这一大笔财富，让公爵得以翻修布伦海姆宫（Blenheim Palace）的住处。这段婚姻在当时盛极一时，吸引了大批关注和海量报道。从某种程度来看，康斯薇露的确获得了一定的成功。然而，这段婚姻并不幸福。1906 年，这对怨侣开始了长达 20 年的分居，而后，这段婚姻终于在 1926 年告终。

花型：半重瓣

花期：孟夏

光照：全日照 / 半日照

土壤：肥沃、富含腐殖质

平均株高：约 120 厘米（4 英尺）

平均冠幅：约 90 厘米（3 英尺）

叶：中绿色

茎：不需要额外支撑

用于切花：令人惊叹的切花花材，但其过于庞大的花朵有些限制了它的适用范围

类似品种：'明石泻'（'Akashigata' / 日语：明石潟），'春日山'（'Kasagayama' / 日语：かすがやま）

1　康斯薇露·范德比尔特，出身于 19 世纪美国最为富有的范德比尔特家族，是当时家族的长女和继承人，在第一次婚姻中与第九世马尔巴罗公爵联姻，成为马尔巴罗公爵夫人。

Felix Supreme

菲利克斯·卓越

　　这款华丽的芍药品种天生色彩丰富而艳丽，它的颜色由覆盆子色和宝石红色融合而成，随着不同时间或天气中光线的变化，颜色也会产生些微差别。它的花蕾呈深红色，花瓣繁多，呈绸缎质地，盛开时为杯状，十分美艳动人。随着花朵开放，外轮花瓣会慢慢向外打开，花心内展现出层层叠叠、排列优美的内轮花瓣。花瓣边缘有着完美的荷叶状褶皱，其上泛着点点银色色斑。这个品种开花既多且繁，花朵直径可达 15 厘米（6 英寸）。这个品种与'费利克斯·克劳斯'极为相似，但如果一定要在两者中分出优劣，那么这一款通常被认为更具活力、更生机盎然。'菲利克斯·卓越'在花艺师中极为流行，因为它在开花时散发出一种甜美的芳香，而且据说如果在花蕾时期就用于切花，花期可持续达 1 周之久。

　　种植者尼克·克里克（Nick Kriek）原来在荷兰从事郁金香销售工作，之后移民到了美国，去实现建立一个自己的苗圃、开展自己的园林绿化事业的梦想。1923 年，他在密歇根州兰辛市购买了 8 公顷（20 英亩）的土地，在那里建立了自己的苗圃村舍花园（Cottage Gardens），这个苗圃直到现在还在运营中。1955 年，他推出了新品种'菲利克斯·卓越'（'Felix Supreme'）。

花型：重瓣

花期：孟夏

光照：全日照 / 半日照

土壤：肥沃、富含腐殖质

平均株高：约 100 厘米（3 英尺 4 英寸）

平均冠幅：约 80 厘米（2 英尺 8 英寸）

叶：中绿色

茎：鉴于它的花实在是又大又重，因此需要支撑

用于切花：华美又芳香的切花

类似品种：'费利克斯·克劳斯'

Jan van Leeuwen
让·范·列文

　　'让·范·列文'是一款精美绝伦的纯白色日本品种，无论种植在室内还是花园都十分适合。它的花蕾呈白绿色，开放时呈杯状，白色的花瓣宛如绸缎一般。花瓣之中是一捧整整齐齐的瓣化雄蕊，呈金丝雀黄色。环绕其中的是绿色的心皮，柱头则是美丽的黄色。这个品种开花时直径可达 10 厘米（4 英寸），它的花枝长而直，旁逸许多侧枝出来。和大部分芍药属植物不同，'让·范·列文'新生的幼枝呈绿色，而非红色。这个品种由范·列文（van Leeuwen）于 1928 年推出。

花型： 日式

花期： 孟夏

光照： 全日照 / 半日照

土壤： 肥沃、富含腐殖质

平均株高： 约 90 厘米（3 英尺）

平均冠幅： 约 90 厘米（3 英尺）

叶： 深绿色，叶子边缘呈波浪状

茎： 不需要额外支撑

用于切花： 美丽而天生自带芬芳

类似品种： '白色之翼'

Monsieur Jules Elie
于勒·埃利先生

　　这款享誉天下的品种是大自然的精美造物之一，于 19 世纪末期由费利克斯·克劳斯推出。克劳斯来自法国，是一位受人尊敬的种植者，以他命名的品种大概有 86 种之多，于勒·埃利先生这个品种因为艳冠四方而源远流长。'于勒·埃利先生'的花蕾呈深粉紫色，盛开时如同一位正在旋转的芭蕾舞女演员，淡粉色的甜美蓬蓬舞裙画出了一个完美的半圆。随着花开，外轮花瓣进一步向外弯曲，内轮一层层的奶油色的小花瓣崭露头角，让整朵花直接开成了一个甜美的粉色花球。它的花实在太大，直径可达 20 厘米（8 英寸），随着开放，颜色会渐渐转白。老天对它无疑是偏爱的，让它在美貌之余还拥有美好的玫瑰芳香。

　　费利克斯·克劳斯出身于花匠家族，终身从事园艺工作。从种植者雅克·卡洛手中，费利克斯得到了孔蒂·德·库西的全部芍药属收藏，这些收藏帮助他培育了大量的新品种，让他在家乡大放异彩，更是在英国和美国声名远播。费利克斯于 1988 年推出了'于勒·埃利先生'，这个品种在 1993 年荣获了英国皇家园艺学会颁发的优秀园艺奖。

花型：重瓣

花期：晚春至孟夏

光照：全日照 / 半日照

土壤：肥沃、富含腐殖质

平均株高：约 90 厘米（3 英尺）

平均冠幅：约 90 厘米（3 英尺）

叶：淡绿色

茎：花朵奇大，枝条又弱，因此需要额外支撑

用于切花：非常漂亮且百搭的切花

类似品种：'莎拉·伯恩哈特'

Karl Rosenfield

卡尔·罗森菲尔德

　　歌舞片《甜姐儿》（*Funny Face*）中有这样一幕，由凯·汤普森饰演的纽约时装编辑向全世界的女性发出号召："粉起来！（Think Pink）"[1]我想，如果女性们想到了这款品种，她们一定会"粉起来"，因为卡尔·罗森菲尔德是一个粉到家的品种，不仅粉得彻底，而且闪闪发光。在花蕾时期，它呈深樱桃红色，球状的花朵开放之后，则显现出华丽的深粉色。它的花瓣带有荷叶边，随着花开，颜色也渐渐转淡，成为热门的明星粉——超亮荧光的夏帕瑞丽粉。它的花朵直径大约为 15 厘米（6英寸），花心之中有一圈浓密的亮黄色雄蕊。这个品种既可作花境花卉，也可以用作切花，而且它在切花市场里很受欢迎。

　　这个品种由卡尔·罗森菲尔德（Karl Rosenfield）本人于 1908 年推出。卡尔是瑞典人，14 岁移民到美国，从事雪茄制造业。1882 年，他在美国内布拉斯加州购置了一个农场，种植芍药属植物以供销售。终其一生，他总共推出了 28 个品种。

花型：重瓣

花期：晚春至孟夏

光照：全日照 / 半日照

土壤：肥沃、富含腐殖质

平均株高：约 80 厘米（2 英尺 8 英寸）

平均冠幅：约 75 厘米（2 英尺 6 英寸）

叶：深绿色

茎：枝条很强壮，不过可能需要额外支撑

用于切花：很好的切花花材

类似品种：'威廉·F. 特纳'——一个颜色更深的粉紫色品种

---

1 《甜姐儿》是一部美国电影，上映于 1957 年，由奥黛丽·赫本、弗雷·亚斯坦以及凯·汤普森等主演。这是一部歌舞片，其中奥黛丽·赫本的歌声部分由她本人演唱。凯·汤普森在其中饰演一位美国女性时尚杂志的总编辑，"Think Pink"不仅是电影中的一句台词，也是电影的开场歌舞。

Mother's Choice

妈妈之选

　　'妈妈之选'这个品种优雅而完美，就像一朵大号的欧根纱玫瑰胸花，仿佛有光从内而外发出。它就像一个白色色卡一样，展示出来的白也可以是五彩斑斓的白。它的花蕾是白绿色的，开放之后，花朵构造极具技术感，花瓣一眼看上去是毫无争议的白色，但是仔细观察，你可以发现些许石灰白、贝壳粉、奶白、奶油色以及柠檬色糅合其中。有些花瓣顶部还带有些微的猩红色痕迹，就像女士高级内衣的混边一样。随着花开，颜色慢慢转为淡粉色。花朵直径可达 20 厘米（8 英寸），带有宜人的芳香。

　　'妈妈之选'于 1950 年由美国种植者莱曼·D. 格拉斯卡克推出，于 1993 年荣获美国牡丹芍药协会颁发的金奖。

花型：重瓣

花期：孟夏

光照：全日照 / 半日照

土壤：肥沃、富含腐殖质

平均株高：约 80 厘米（2 英尺 8 英寸）

平均冠幅：约 80 厘米（2 英尺 8 英寸）

叶：绿油油的颜色

茎：强壮的枝条，极少需要支撑

用于切花：叹为观止的切花花材

类似品种：'金阳'（'La Lorraine'）

Mr G.F. Hemerik

G. F. 赫默里克先生

　　这个品种虽然花期短，但大概是最容易种植的一款日本品种了，几乎不需要照料。它的花蕾呈淡粉色，开放时，深粉紫色的外轮花瓣会向外弯曲，露出其中一大捧金灿灿的、带着些许花粉的退化雄蕊。随着花开，花瓣的颜色也会渐渐发生变化，逐渐退为淡粉色，小一点的退化雄蕊则会变成奶油色。它的心皮是绿色的，柱头黄色扭曲带状。花径大约为 10 厘米（4 英寸），散发出淡淡的芬芳。它们茎干高而挺拔，不需要支撑。

　　这个品种由来自荷兰南部萨森海姆的种植者伦纳德·范·列文（Leonard van Leeuwen）在 1930 年推出。

花型：日式

花期：孟夏至仲夏

光照：全日照 / 半日照

土壤：肥沃、富含腐殖质

平均株高：约 75 厘米（2 英尺 6 英寸）

平均冠幅：约 60 厘米（2 英尺）

叶：叶子为中绿色，边缘呈波浪状

茎：枝条很强壮，不需要支撑

用于切花：不错的切花花材

类似品种：'美之碗'（'Bowl of Beauty'）

My Love

吾爱

　　这个品种很像一个高温下慢慢融化的意大利圣代冰激凌，整体呈奶白色，其花心中又泛着柔和的覆盆子色、杏色以及柠檬色，有些花瓣的边缘处还有覆盆子色的痕迹。它的花蕾是淡贝壳粉色的，花形完美，如纸巾一样柔软的花瓣慢慢打开时，整朵花展现出柔和的水粉色彩，从褶皱到花瓣的层层排列都很像一朵巨大的经典玫瑰。泛着珍珠般的纯净光泽，并随着时间推移慢慢转淡，终至纯白。花开后，花径可达 10 厘米（4 英寸）。

　　这个品种由美国人唐·霍林斯沃斯于 1992 年推出。唐来自美国密苏里州玛丽维尔县，是一位伟大的种植者，总共推出了 84 个芍药属品种。

花型：重瓣

花期：晚春至孟夏

光照：全日照 / 半日照

土壤：肥沃、富含腐殖质

平均株高：约 90 厘米（3 英尺）

平均冠幅：约 75 厘米（2 英尺 6 英寸）

叶：深绿色

茎：枝干挺拔，几乎不需要额外支撑

用于切花：特别好的切花花材

类似品种：'诺米·德梅'（'Noémie Demay'）

Red Charm
红色魅力

　　浪漫主义者同来一看：这个品种鲜红如血，丝毫不逊色于市面上任何一种红玫瑰，并且在寓意上还不落于俗套。它爆炸一般的形态，波浪起伏的花边，无不传达它洋溢的热情。红色魅力这个品种略带清新、甜美的芬芳，是最受切花市场欢迎的芍药品种之一，也是花园中无与伦比的美好点缀。这个杂交品种的花蕾生就暗酒红色，外轮花瓣慢慢打开之后，就会展现出藏在其中的瓣化瓣，这些细窄花瓣紧捆在一起形成一个美丽的半圆形花球。花开时直径可达 15 厘米（6 英寸），花枝又高又挺，几乎不需要额外支撑。

　　这个品种由莱曼·D. 格拉斯卡克在 1944 年推出，并在 1965 年荣获美国牡丹芍药协会颁发的金奖。莱曼来自美国伊利诺伊州的埃尔伍德，早年间从事瓦匠工作，做过建筑承包商，而后又成了一位了不起的牡丹芍药种植者。他曾经推出过不少品种。他的女儿伊丽莎白后来继承了他的事业。

花型：台阁型

花期：晚春

光照：全日照／半日照

土壤：肥沃、富含腐殖质

平均株高：约 90 厘米（3 英尺）

平均冠幅：约 90 厘米（3 英尺）

叶：碧绿

茎：几乎不需要额外支撑

用于切花：花艺师极为推崇的一款切花

类似品种：'黑美人'（'Black Beauty'）

Singing in the Rain

雨中曲

　　这个伊藤杂种温润美好，颜色变幻莫测。它粉色的花蕾开放后，花瓣黄中带粉，还有些许粉色斑纹。随着花朵逐渐盛放，那粉色又会转成全然的黄。它的心皮是绿色的，柱头则是黄色，雌蕊之外围绕着一圈雄蕊，粉色的花丝上顶着硫黄色的花药。花开时有淡淡的芳香，直径可达 15 厘米（6 英寸），草质的茎极为坚挺，每一枝上都生着许多花朵。正如它的名字所示，即便是在暴雨之中，它也能自在盛放。

　　'雨中曲'由唐纳德·史密斯（Donald Smith）在 2002 年推出。唐纳德来自美国马萨诸塞州的西牛顿区，是一位物理学研究专家。2003 年退休之后，他开始全心投入芍药属的交叉杂交工作，一生共推出 40 个新品种。

花型：半重瓣

花期：孟夏

光照：全日照 / 半日照

土壤：肥沃、富含腐殖质

平均株高：约 90 厘米（3 英尺）

平均冠幅：约 120 厘米（4 英尺）

叶：中绿色

茎：不需要额外支撑

用于切花：花枝修长，花朵精美

类似品种：'低调的华丽'（'Pastel Splendor'）

Yachiyo-tsubaki
八千代椿（やちよつばき）

　　如果你曾在日本浮世绘中看到过牡丹，那么你会发现，其中大部分和这个品种极为神似。它枝干挺拔，粉色的花朵硕大、甜美，颜色和青铜色的叶子、微红的花枝形成完美的对比（如图所示），因而广受欢迎。它的花蕾也很大，呈白绿色，纸质的花瓣细腻，有不规则的锯齿边且微微卷曲。花瓣粉色，基部颜色略深，随着开放，花色会慢慢转淡。花心处是一圈浓密的雄蕊，花丝为紫色，而花药为黄色，绿色的心皮包裹在紫色的花盘中。当时机成熟时，你会看到有紫色的柱头的心皮了。这个品种的花朵开放时直径可达 18 厘米（7 英寸），如果培育得当，一株能开出大约 50 朵花来。

　　这款日本牡丹的最初来源已不可考，但是直到今天，它仍然是一个备受推崇的品种，品种的名字意为"永远的山茶花"。

花型：半重瓣

花期：晚春至孟夏

光照：全日照 / 半日照

土壤：肥沃、富含腐殖质

平均株高：约 120 厘米（4 英尺）

平均冠幅：约 90 厘米（3 英尺）

叶：某种青铜绿

茎：不需要额外支撑

用于切花：适合放于花碗中，浮于水面

类似品种：'明石泻'

FRAGRANT

芬芳

　　种植芍药属植物的乐趣实在太多，抛开别的不谈，光就"芳香"一事而言，就足以让人感到愉悦。它们的芳香有些浓烈，让人无法忽视，有些则相对隐秘，需要凑近细嗅。研究指出，芍药属的芳香是多姿多彩的，有非常多的种类，例如，有些具有明显的木质香气，有些则散发着月季、铃兰、茶月季、红茶、干草或者柑橘的气息，有些还会散发麝香甚至是消毒剂的气味。当然，这些气味也不是一成不变的，随着温度、湿度、时间的变化，它们都会产生细微的差别。一般而言，早上盛开的花朵通常能享受到清晨和暖的日光，香气也是最为浓郁的，当然，这只有早起的人才能切身体会。之后，随着芍药属的精油在白天的热气中渐渐挥发，香味也会转淡。每一朵花的香味都如此独特，一定要深吸一口，感受这甜美的芳香，才不枉这一次盛放。和薰衣草、月季等植物不同，芍药属植物没有那么高的精油萃取率。通常，市面上的所谓牡丹或者芍药香气都是专业调香师使用不同的化合物合成的。然而，芍药属的香气是如此难以复制，迄今为止，还没有哪种合成香气能够完全捕捉到它们散发出来的纯正的宜人芳香。

Bowl of Beauty
美之碗

 这个品种的外轮花瓣呈深粉紫色，花朵硕大，开放时直径可达 20 厘米（8 英寸）。它香气幽微，清新甜美。随着盛开，其中一大团毛茸茸的奶油色退化雄蕊也会展现出来。在花心处、雄蕊中，心皮悄然其中，柱头精巧，呈淡粉色。退化雄蕊和雌蕊一起装点了整朵花的美貌。

 '美之碗'由来自荷兰博斯科普的育种者阿尔特·胡根多恩（Aart Hoogendoorn）在 1949 年推出，并在 1993 年荣获英国皇家园艺学会颁布的优秀园艺奖。

花型：日式

花期：孟夏至仲夏

光照：全日照

土壤：肥沃、富含腐殖质

平均株高：约 90 厘米（3 英尺）

平均冠幅：约 90 厘米（3 英尺）

叶：中绿色

茎：花朵都开在十分强壮的枝头，因此不太需要额外支撑

用于切花：极好的切花花材，花期可达 1 周

类似品种：'晚照'（'Evening World'）

Lady Alexandra Duff
亚历山德拉·达夫女勋爵

　　这款历史悠久的品种是市场的宠儿，它不仅天生芳香宜人，十分耐寒，而且花期也十分悠长。它的花蕾呈贝壳粉色，开放后，众多花瓣仿佛组成了一件荷叶蓬蓬裙，自上而下，由白转粉（如图所示）。层层的花瓣之中包裹着金色的雄蕊，只要略一瞥过就能看到。这个品种的侧枝也会开一些半重瓣的花，但是在园艺展示中，参加比赛的选手通常会去掉侧枝的花，以求让主花开到最佳状态。花开直径可达 13 厘米（5 英寸），弥漫着宜人的芳香。在开放的过程中，颜色也会随之转淡。

　　这个品种由詹姆斯·凯尔韦在 1902 年推出，它的名字来源于第二代达夫女公爵亚历山德拉郡主。她的全名是亚历山德拉·维多利亚·阿尔伯特·埃德温娜·路易斯（1891—1959），英国王室的成员、爱德华七世的孙女。她的父母是第一代法夫公爵亚历山大·达夫和威尔士的路易斯公主。亚历山德拉出生时，她的父亲已经年近半百，在当时看来，她的父母达夫公爵伉俪已不太可能再诞下男婴以继承父亲的爵位[1]，所以，维多利亚女王在 1900 年签署了另一个制诰，重新册封达夫为法夫公爵，并规定爵位可由达夫之女继承，之后，再由这个女儿传给她的男性后代。虽然亚历山德拉的母亲拥有"公主"的头衔，但是她本人并没有这一头衔，而是被封为女勋爵（Lady）。[2] 1913 年，亚历山德拉嫁给了康诺亚瑟亲王（Prince Arthur of Connaught），他们之间原本是表亲的关系。在一生中，她一直很好地履行自己的王室责任，并且在第一次世界大战期间，还在帕丁顿圣玛丽医院担任护士。1993 年，这个品种荣获了英国皇家园艺学会颁发的优秀园艺奖。

花型：半重瓣

花期：晚春至孟夏

光照：全日照 / 半日照

土壤：肥沃、富含腐殖质

平均株高：约 90 厘米（3 英尺）

平均冠幅：约 60 厘米（2 英尺）

叶：深绿色

茎：花朵很大，建议为枝条加上额外支撑

用于切花：花朵簇生于茎上，在花蕾时期就用于切花，花期可持续 1 周之久

类似品种：'索兰'（'Solange'）

1　当时英国对王室爵位继承人的性别有规定，要求继承人须为"合法男性后裔"。

2　这是亚历山德拉出生时的情形，之后，她分别拥有了殿下（Highness）的敬称以及郡主（Princess）的头衔，并继承了父亲的两个爵位，成为第二代法夫女公爵与第二代麦达夫女伯爵。

Cora Louise

科拉·路易斯

　　'科拉·路易斯'这个品种，简直就像水彩画家做的一个美丽的梦。在花蕾时期，它还是粉嫩的，而一旦开花，它就会在日光的照射下迅速化为白色。它齿状边缘的花瓣，每一片基部都带有色斑，色斑呈深紫色，由内而外渐渐与白色融为一体。随着花朵开放，它的颜色也如同水洗一样，慢慢转淡，最终形成一种近乎蓝白的色调。花瓣间隙夹杂着长而整齐的雄蕊，花丝粉色，而花药则是黄色。再向内，是粉色的花盘包裹着绿色的心皮，柱头则是柠檬黄色的。一旦到了花期，'科拉·路易斯'能在数周之内连续盛放大概 50 多朵花，每一朵的直径都能达到 20～25 厘米（8～10 英寸）。'科拉·路易斯'香气幽微、迷人，在清晨时分最为浓郁。随着日头升高，它的香气会在阳光最盛时渐渐挥发掉。我们不妨采一束花下来，慢慢欣赏它们如何将四周的空气都染上芬芳。

　　这款交叉杂交的品种由罗杰·安德森在 1986 年推出，它的名字是为了纪念罗杰的祖母科拉·路易斯（Cora Louise）。

花型： 单瓣或半重瓣

花期： 孟夏

光照： 全日照 / 半日照

土壤： 肥沃、富含腐殖质

平均株高： 约 60 厘米（2 英尺）

平均冠幅： 约 90 厘米（3 英尺）

叶： 碧绿色，随着时间推移会慢慢发红

茎： 花枝强壮，不需要额外支撑

用于切花： 可做切花，花茎短，碗中放水，使其悠然漂浮其上

类似品种： 无

High Noon

海黄（又译：正午）

　　'海黄'是一款杂交牡丹品种。花如其名，它从花蕾时期起就是柠檬黄色的，随着花朵开放，微微内扣的花瓣慢慢打开，开出一朵温暖的、奶油黄色的花，花瓣基部带有深红色斑。雄蕊浓密丰厚，红色的花丝和古金色的花药与背景的花瓣相衬，分外和谐。绿色的心皮包裹在奶油色的花盘中，柱头也同样是奶油色的。当它盛放时，花朵直径可达 20 厘米（8 英寸），花瓣的颜色也会慢慢转为樱草黄色至奶油色。

　　这个品种的枝叶也很好看，它的花朵会微微垂头，散发出淡雅、甜美的柠檬香气。'海黄'有一个十分与众不同的优点，它不仅会在晚春时节开第一波花，在暮夏甚至初秋的时候还会开第二波花，只不过，第二波花会相对小一些。不仅如此，它还有一个优点，就是好养护，是最易种植的牡丹品种之一。

　　'海黄'是亚瑟·桑德斯教授推出的又一个优秀品种[1]，它的推出时间是 1952 年，正是桑德斯教授去世的前一年。1989 年，它荣获了美国牡丹芍药协会颁发的金奖。

花型：半重瓣

花期：晚春初花，暮夏或初秋复花

光照：全日照 / 半日照

土壤：肥沃、富含腐殖质

平均株高：约 150 ～ 180 厘米（5 ～ 6 英尺）

平均冠幅：约 150 厘米（5 英尺）

叶：深绿色

茎：强壮

用于切花：气场强大的切花

类似品种：'黄冠'（'Oukan'）

---

1 桑德斯教授是美国最著名的牡丹和芍药育种者之一，一生推出了万余个芍药属品种。

Dr Alexander Fleming

亚历山大·弗莱明博士

　　这是一款杂交品种，起源不明。它散发着甜美的芳香，外形一眼看上去，让人不由想起康康舞[1]者那种粉色、有繁复花边的舞裙。内轮花瓣由基部向上颜色逐渐变浅，微微向内弯曲。花瓣层层叠叠，雄蕊巧妙地穿插其间。这个品种在市场上极受欢迎，因为它不仅生命力旺盛、顽强，而且花枝挺拔健壮，一枝上能侧生出很多朵花。花开时直径可达 20 厘米（8 英寸），香味浓郁、甜美。

　　如前文所述，这个品种的来源已不可考，只知道大概在 20 世纪 90 年代起就已在市场上流传，缘起大约比这时间更早一些。

花型：重瓣型

花期：孟夏

光照：全日照 / 半阴

土壤：肥沃、富含腐殖质

平均株高：约 105 厘米（3 英尺 6 英寸）

平均冠幅：约 100 厘米（3 英尺 4 英寸）

叶：深绿色

茎：十分强壮，应该不需要额外支撑

用于切花：相当华美，且香气扑鼻

类似品种：'餐碟'（'Dinner Plate'）

1　康康舞起源于法国，著名的红磨坊中的经典表演就有这个舞种，其中最经典的动作"掀裙踢腿"极具标志性，不仅火爆、惊艳，更广为人知。

Festiva Maxima
嘉年华

　　在芍药属的世界里，'嘉年华'历史逾 150 年，它就像一位久坐神坛的优雅长者，面对来势汹汹的后起之秀，以其顽强的活力、华美的外形轻松维持着自己的一席之地。它的花蕾刚生出来时十分紧致，而后渐渐膨胀，露出淡淡的胭脂红色，最后终于爆发开来，白色的花瓣仿佛一件芭蕾蓬蓬舞裙。是的，虽然大量的奶白色花瓣及边缘上不时会出现粉紫色的斑点或波纹，但是整体看上去，它绝对还是一朵白色的花。每一次盛放，都如同一件刚刚完成的艺术品。花上美丽的红色斑点如此神秘莫测，让人难以捉摸，每个花季都不同，每一朵花都不同。而红色的柱头又展现了另一番不同的风情，它们隐现在花间，如同细细的丝带一样装点着颜色。花朵悠悠地舒展开来，盛放时直径可达 20 厘米（8 英寸），散发着独特的月季芳香。

　　这个品种由奥古斯特·米勒兹（Auguste Miellez）在 1851 年推出，并在 1993 年获得了英国皇家园艺学会颁发的优秀园艺奖。

花型： 重瓣至半重瓣

花期： 晚春至孟夏

光照： 全日照 / 半日照

土壤： 肥沃、富含腐殖质

平均株高： 约 90 厘米（3 英尺）

平均冠幅： 约 60 厘米（2 英尺）

叶： 深绿色

茎： 花朵太大了，建议支撑

用于切花： 香气非常迷人，建议花蕾时期就切下

类似品种： '象牙白'（'White Ivory'）

Shirley Temple

秀兰·邓波儿

　　秀兰·邓波儿无人不知、无人不晓，像这个名字本身一样，这个色彩柔和、花瓣褶皱、造型丰满的品种还拥有着让人难以置信的甜美。这个品种的花蕾饱满，呈淡粉色，开放之后，松散的花瓣呈现出一种十分华丽的状态，颜色由粉色转为香草色，又从香草色最终转为白色。夹杂于花瓣间的退化雄蕊淡奶油色，整朵花从内到外熠熠生辉。盛开时花径最大可达 20 厘米（8 英寸），散发着十分迷人的甜美芬芳。可惜的是，虽然它广受欢迎，但它的真正来源已经无人知晓了。

花型： 重瓣

花期： 孟夏至仲夏

光照： 全日照 / 半日照

土壤： 肥沃、富含腐殖质

平均株高： 约 85 厘米（2 英尺 10 英寸）

平均冠幅： 约 85 厘米（2 英尺 10 英寸）

叶： 深绿色

茎： 几乎不需要额外支撑

用于切花： 枝条挺拔，花朵华美，很好的切花花材

类似品种： '佛罗伦斯·尼科尔斯'（'Florence Nicholls'）

Vivid Rose
玫瑰之灵

　　'玫瑰之灵'这个品种的花朵通体粉色，简直粉到爆炸。它盛开时就像一件价值不菲的奢华礼服裙。我想，如果芭比娃娃会说话，她很有可能会说，这个品种就是她最爱的花。如果你将它植于花境中，往来之人都会为它驻足注目。它的花朵直径大约可达 15 厘米（6 英寸），花瓣极富光泽，糅合了淡淡的玫瑰色调和粉色调，散发着不容忽视的魅力。这个品种很受花艺师们的欢迎，它不仅花期长久，而且外表美观，散发着迷人的芳香。正如它的名字所暗示的，这个品种天生带有让人陶醉的玫瑰芬芳，无论是生长在花园里还是插在花瓶里，都是花香熏人醉。它的枝条带有一点樱桃红色，十分强壮。

　　'玫瑰之灵'于 1952 年由查尔斯·克莱姆和他的儿子卡尔推出。美国牡丹芍药协会创立于 1903 年，查尔斯就是创始成员之一。在大萧条时期，由于经济状况不佳，其他苗圃不得不停业时，查尔斯带领的克莱姆家族努力开拓芍药属的鲜切花市场，最终度过了难关。即便是在那样一段艰难时期，查尔斯依旧成功培育出了 226 个全新的芍药属品种。

花型：重瓣

花期：孟夏

光照：全日照 / 半日照

土壤：肥沃、富含腐殖质

平均株高：约 60 ～ 75 厘米（2 英尺～ 2 英尺 6 英寸）

平均冠幅：约 75 ～ 90 厘米（2 英尺 6 英寸～ 3 英尺）

叶：带有光泽的深绿色

茎：茎粗壮，但由于花朵本身比较沉重，还是需要额外支撑

用于切花：花期很长，具有浓郁迷人的玫瑰芬芳，是很好的切花花材

类似品种：'于勒·埃利先生'

Miss America

美国小姐

'美国小姐'这款品种享誉已久，一直是最为珍贵的芍药品种之一，而且直至今日仍然在收获各种赞誉。它的花蕾呈腮红粉色，但随着开放，你会迅速看到一朵纯白的花朵；花形呈碗状，花瓣边缘齿状，且微微褶皱，就像一件福图尼的德尔斐褶裥裙[1]。雄蕊硫黄色，环绕着绿色的心皮。花径可达 14 厘米（5.5 英寸），散发出迷人的柑橘香气。据说，'美国小姐'是最容易种子繁殖的品种之一，而一旦种植成功，它将大放异彩，每一季能开出大约 50 朵花来。

如前文所述，无论是作花境还是作为鲜切花，这个品种都备受好评。它的培育者是来自芝加哥的詹姆斯·R. 曼恩（James R. Mann），詹姆斯和 J. 范·斯特恩（J. van Steen）在 1936 年一起推出了这个品种。让人印象深刻的是，这个品种曾经两次收获美国牡丹芍药协会金奖，一次是在 1956 年，还有一次是在 1971 年。不止如此，它还在 2012 年荣获了英国皇家园艺学会金奖。

花型：半重瓣

花期：晚春至孟夏

光照：全日照 / 半阴

土壤：肥沃、富含腐殖质

平均株高：约 90 厘米（3 英尺）

平均冠幅：约 90 厘米（3 英尺）

叶：带有光泽的中绿色

茎：茎长而挺拔，可能需要额外支撑

用于切花：花期较久，花枝细长

类似品种：'祖祖'（'Zuzu'）

---

1 福图尼，全名马里亚诺·福图尼（Mariano Fortuny），生于 1871 年，西班牙服装设计大师。他的重要作品，是以古希腊德尔斐战士雕像为灵感创造的德尔斐褶裥裙。这一款以褶皱闻名的裙子，让他在世界服装史上享有盛名，并对后代产生了深厚的影响，其中就包括日本设计师三宅一生。

Gardenia
栀子芍药

    这款品种的花蕾淡贝壳粉色，开花之后，则会变成白色，姿态淡然，雅致美好，形态宛如一朵栀子花——这也是这个品种名字的由来。如果是在遮荫处，花朵会带有一点淡淡的粉色，但如果暴露在阳光下，花色迅速转淡，只在花心中保留一点点粉色痕迹。花瓣呈螺旋状排列，中间是金黄色的雄蕊，整朵花仿佛从内而外光彩照人。花径 20～25 厘米（8～10 英寸）。由于侧花较多，花期时整体分外繁盛。它的优点很多，抛开美貌不说，它还是香气最甜美的品种之一，无论室内室外，有它的地方，空气都会浸润着美好的芳香。

    该品种由美国人林斯（Lins）于 1955 年推出。

花型：重瓣

花期：晚春至孟夏

光照：全日照 / 半日照

土壤：肥沃、富含腐殖质

平均株高：约 85 厘米（2 英尺 10 英寸）

平均冠幅：约 80 厘米（2 英尺 8 英寸）

叶：深绿色

茎：茎挺拔，不需要额外支撑

用于切花：深受花艺师的喜爱，是一款非常优秀的切花

类似品种：'内穆斯公爵夫人'

Mrs Franklin D. Roosevelt

富兰克林·D. 罗斯福夫人

　　'罗斯福夫人'是世界上最受欢迎的芍药品种之一，拥有超越时代的美好姿态。它造型精美，每一朵花都仿佛最完美的植物画。糖粉色的花蕾开放之后，微微弯曲的贝壳粉色花瓣如睡莲一般慢慢打开，颜色也会随着花朵开放慢慢退去，最终成为白色。'罗斯福夫人'的着花量大，花径大约 10 厘米（4 英寸），带有浓烈的香气。

　　这个迷人品种 1932 年由来自美国明尼阿波利斯市的阿隆佐·B. 富兰克林（Alonzo B. Franklin）推出，阿隆佐专门从事芍药属杂交工作。这个品种的名字是为了纪念罗斯福，在它推出的那年，罗斯福被民主党提名为美国总统的候选人。1933 年至 1945 年期间，罗斯福连续担任四届美国总统，他的夫人埃莉诺·罗斯福（Eleanor Roosevelt）也在此期间成为美国的第一夫人。这个品种在 1948 年荣获了美国牡丹芍药协会颁发的金奖。

花型：重瓣

花期：孟夏

光照：全日照 / 半日照

土壤：肥沃、富含腐殖质

平均株高：约 70 厘米（2 英尺 4 英寸）

平均冠幅：约 70 厘米（2 英尺 4 英寸）

叶：深绿色

茎：需要额外支撑

用于切花：花艺师最喜欢的切花品种之一

类似品种：'桃金娘绅士'（'Myrtle Gentry'）

GROWING AND CARE
种植与养护

关于芍药属的种植与养护，有很多的"传说"，其中最广为流传的一个，是说芍药属的植株难以移栽。不得不说，这个传说在我身上就曾经应验过。多年前，我父亲的花园里有一丛'红重瓣'芍药，是淡粉色的，我从其中分出来一株进行移栽，多年来从一家到另一家的院子里尝试了好多次，过程算是喜忧参半。但是每次移栽，它的长势都会变得更差，最终还是一命呜呼了。当时，我还怪这个植物不够好。但其实，是由于我疏于照顾，才导致了这种结局。要知道，芍药属扎根下来的过程是很缓慢的。它们的根部会在地下悄悄地、慢慢地舒展、下扎，这一变化过程并非在一开始就肉眼可见。要想成功，关键要在正确的种植季节和适当的位置（即排水良好之处。译者注）。不仅如此，还要时刻注意土质和种植深度。随便把芍药属植物扔在地上就想让它们开花，当然是不现实的。当它们"感到舒适"的时候，情况会完全不同——连续多年开花，且枝繁花茂。所以说，把该付出的时间和精力做到位，结果自然而然就会改变。

Selection
分类

芍药属植物品种有三大不同的类群：牡丹、芍药以及两者的杂交品种（即伊藤杂种。译者注）。在本书一开始的介绍部分，我们就提到过芍药属花朵的种类十分丰富（前文中有配图可供参考），其颜色也十分多样，并且都颇有魅力。

TREE PEONIES
牡丹

这个类型的英文名直译过来是"木芍药"，其实不太准确。牡丹虽然是木本的，但没办法像乔木一样长得那么高，它们的高度通常在 90 厘米（3 英尺）到 2.5 米（8 英尺 2 英寸）之间，而且每种都不太一样。这个类型通常生长比较缓慢，具有木质枝干。种好之后，如果能每年稍加修剪，去除枯枝，保持枝条伸展，有利于植株的生长。每年的仲春或春末期间，是牡丹的盛花期，非常好看。牡丹花通常顶生于当年生枝条，直径可以达到 30 厘米（12 英寸），令人惊叹。牡丹群体花期通常可以持续一个月，秋天会落叶。

HERBACEOUS PEONIES
芍药

多年生的芍药可以长到 60 ～ 130 厘米（2 英尺～ 4 英尺 4 英寸）。每年春天，它们都会从根茎处萌芽。新叶常带红色，而后会转为绿色，秋天时更是缤纷好看。根据品种不同，它们的花期从暮春到孟夏通常可持续数周。芍药的花形十分丰富，几乎涵盖所有花形。生长期结束后，茎叶枯萎死亡。

INTERSECTIONAL PEONIES
伊藤杂种

这里所谓的杂交指的是在牡丹和芍药之间进行杂交。这样培育出来的杂交品种，色彩十分丰富，大小和芍药差不多，而且据说兼具了两种亲本各自的优点，且花期更长，春季萌芽后，生长约 6 周后进入花期，而且是边开花边结果。每到夜晚，这些美丽的花朵就会自动合拢，进行自我保护。每一丛成熟的植株，大概可以在一季中开出 30 到 50 朵花来。伊藤杂种于 20 世纪 40 到 50 年代之间起源于日本。当时，一位名叫伊藤东一的先生成功地完成了牡丹和芍药的杂交工作，可惜的是，在他培育出来的植株开花之前，伊藤本人就过世了。数年之后，1974 年，4 株杂种苗被带到了美国，自此之后，伊藤杂种开始为世人熟知，走向了世界。

这类杂种更偏于芍药，但是在适应气候方面表现更好。它们的木质茎很短，新芽从茎上萌发，秋天凋落，这点和芍药相同。花枝长，花朵就生长在枝顶。伊藤杂种一般都生长得十分整齐，不需要额外的支撑。它们无法孕育后代，因此也无法通过种子来繁殖，只能通过分株来进行"复制"。在 20 世纪 90 年代，有些新品种一进入市场就受到了广泛关注，分株苗售价甚至达到 1000 美元。虽然现在它们已经没有当年那么昂贵了，但是相较于芍药和牡丹来说，伊藤杂种还是较贵的。

Climate considerations
气候条件

芍药属原产于亚洲、欧洲以及北美西部地区。中国是世界上最早种植牡丹的国家，人们在寒冷的山区发现了野生牡丹。事实上，它们不仅可以"承受"严寒，而且冬季的低温对于它们来年的盛放来说是必不可少的一个条件。根据经验，要想在第二年继续开花，芍药属植物需要在至少 6 周之内连续每天处于低于 4 摄氏度（39.2 华氏度）的气温中，这个条件对于英国和欧洲大部分地区来说都不苛刻。虽然芍药属植物可以在低温中存活，但是在极端低温的情况下，还是建议覆盖植株以保护根部。当然，还要记得在春天来临时，把这些覆盖物移走。

冬天一旦过去，植株的耐寒性也会打些折扣了。芍药春天生出来的嫩芽可能会被晚霜直接毁掉，如果温度更低，连牡丹的新枝也将无法幸免——好在，植株会从基部开始重新萌芽。如果你所处的区域常常晚霜，那么你最好把植株种在早上阳光不太能晒到的地方，阴影中的植株萌发较晚，这对它们来说会更好。

以美国为例，适合种植芍药的地区是 3～8 区，而牡丹是 4～9 区。美国共有 11 个区，1 区包含阿拉斯加的费尔班克斯等地区，冬季气温可能降至零下 46 摄氏度（零下 50.8 华氏度），而 11 区则是像夏威夷这样的地区，最低温度也不会低于 4 摄氏度（39.2 华氏度）。一些有经验的芍药属植物爱好者可以突破这种气候的限制进行种植。在相对温暖的地区，植株的生命循环变得更加迅速，花朵萌发、开放、褪色、凋零，每一步都像上了发条一样，走得飞快。这种情况下，成功的秘诀是把植株种得更浅一点，即种植深度约 2.5 厘米（1 英寸），并且进行"冰敷"——在冬季来临的那几个月里，每周都将一个冰袋覆在植株上，对根部进行低温处理。如果你想尝试在 9 区种植芍药属植物，那么那些早开的品种可能是比较好的选择。在 3 区甚至 2 区种植牡丹也不是完全不能，但是植株地上部分易冻干枯死，且生长期短、发育不良。

Situation
条件

芍药最好种植在全日照或稍有荫蔽的位置。在阴凉的地方种植有一个优点，就是虽然植株开花的数量会更少一些，但是它们的花期反而会变得更长。特别是单瓣花型的品种，比其他品种更适应这样的光照条件。在充足的日照中，粉色的花会迅速褪色，如果想多欣赏一会儿它们的颜色，就需要把植株暂时挪到有一定荫蔽的地方去。在日本，牡丹爱好者们做得更夸张，他们甚至会给植物打遮阳伞来维持花朵的美丽，让自己可以尽情欣赏。但是对于大部分人来说，我们可能不会准备得这么周全。一些种类可以适应在阴影环境中生长，如草芍药（*P. obovata*）或者更矮小一些的山芍药（*P. japonica*）。伊藤杂种则非常喜欢全日照，但它们比芍药耐受性更好，也耐阴，只是在荫蔽环境中，它们开花会更少一些，植株状态也会更差。

牡丹当然也是喜欢阳光的，但在侧方遮荫阴影和荫蔽的环境下，它们也能茁壮成长。要知道，有的种类原本就生长在中国森林的野生环境中，适应全阴的环境。但是，请注意它们生长的地方需要避风，因为强风可以直接吹断植株。

在休眠状态下，所有芍药属植物都相当耐寒。不过，一旦萌发出新枝和花蕾，它们就会很惧怕寒冷，所以要防止晚霜危害。不要把植株种在霜冻袋里，也不要把它们植于清晨就有阳光的全日照环境里，只要它们萌发得晚一些，它们的适应力就会更好。芍药在越冬时，你可以为它们盖上保护层，并在春天及时去除，否则植株有可能患上枯萎病。

The perfect bed
完美的土壤

土壤根据其包含砂粒、粉粒和黏粒分类。构成土壤颗粒的大小以及构成比例会影响土壤的质地。壤土（loam soils）的矿物构成是最完美的，黏粒的占比大约在 10% 至 25% 之间，拥有高肥力、良好的排水性和保水性。不过，所有土壤都可以通过堆肥、有机肥和石灰来进行改良。

对于大部分芍药属植物来说，最理想的土壤是中性至弱碱性土壤。牡丹和伊藤杂种可以在弱酸性的土壤中勉强存活，但是长势一般。如果你想知道自家土壤的酸碱性，可以去买 PH 值测试套装，一般在花园中心或者商店都可以买到。PH 酸碱度为 7 是中性土壤，高于 7 则是碱性土壤。知道 PH 酸碱度后，你可以对土壤的酸碱性进行微调——加入硫元素，土壤酸性就会增加，而加入石灰，土壤碱性就会增加。对于芍药属植物来说，肥沃、排水良好的土壤是最为适宜的，如果排水不良产生积水，它们的生长就会受阻。

种植芍药属植物需要提前做好规划，在种植的几周前，要提前准备好花床。首先，挖一个深而宽的坑（约 30 ～ 60 厘米 /1 ～ 2 英尺）。芍药属植物的根系强大，需要足够的空间才能让根系以及植株长好。准备期间的工作做得越充分，未来的效果就越好。如果你的土壤是砂质的，那么就添加一些腐叶土（腐烂的叶子）和有机物。如果你的土壤排水性比较差，或者说成分主要是黏土，那就需要在坑底部加一些砾石或粗砂，再在其上覆盖一些堆肥或腐熟肥。注意，不要让根系立刻接触到这些肥料。之后，再添加一些缓释肥，如骨粉就很好，它们对根系生长很有帮助。之后，再在上边填上优质的花园土。如果施肥过多，芍药属植物生长也会变得非常缓慢，而且花量极少，氮含量过高的肥尤其不好。

Planting
栽种

在开始谈栽培技术之前，有两条简短的铁律要先说明一下：第一，种植深度必须适宜；第二，无论如何，浇水不要过多。

Herbaceous peonies
芍药

如果你想直接从苗圃购买裸根的芍药，记得要选择秋天或者初冬。要先检查，看看芽点或者根冠在哪里，这些部位是下个季节的生长点。栽种植株的时候，芽点要埋在土面下 5 厘米（2 英寸）以内，埋得太深，植株就无法开花了。这是一个非常常见的操作误区，需要注意。如果种在花盆里，需要用花园土，深度和地栽相同。如果同时栽种几棵，株间距要达到 90 厘米（3 英尺），保证有足够的空间去生长、发育——毕竟，它们能活大概 50 年之久。足够的空间还能保证空气流通，有助于预防疾病。通常，芍药在种下的第二年会开始开花。

芍药栽种之后，需要立刻浇透水。之后，顺其自然就好（下雨的时候就算浇水了）。但如果雨水特别少的话，记得也不要每天浇一点水，只要每周浇两次，每次都浇透就可以了。次年开始，只有当天气非常干燥的时候，才需要这样浇水。

Tree peonies
牡丹

大部分牡丹种苗都是嫁接苗，如果您要栽种裸根苗，应该选择在秋天，苗的嫁接处（植株的茎和砧木连接的部分）应该栽在地面以下至少 7.5 厘米（3 英寸）的地方，这样有助于刺激植株生根、发芽。你肯定不希望种出来的牡丹只有一个枝条吧。

如果你选购是容器苗，那么一年四季都可以栽种，但是在秋天栽种，无论是植株状态还是生长速度都会更好一些。如果你的牡丹是嫁接苗（能看到嫁接的痕迹），那么地栽时的深度应与上文所述一致。如果不是嫁接苗，那么种植的深度和与其在盆中的深度保持一致就可以。如果是裸根苗，那么可以看一下它的枝条，看看以前的种植位置在哪里，然后跟它之前保持一致就可以了。

种下之后的第一年到第四年里，牡丹都有可能会开花也可能不会开花，所以如果等了一段时间都没开花，也不要担心。叶子长势强壮通常都是一个好的信号，表示一切都在及时恢复。和芍药一样，刚种下的

时候要浇透水，之后就放手看天，不用管了。正如前文提到过的，牡丹特别不耐积水。

Intersectional peonies
伊藤杂种

通常在秋天或者初冬的时候，人们会把地栽的植株挖出来，以裸根状态进行分株。栽种前，看看根颈部脚芽的位置，芽要在土下大约 5 厘米（2 英寸）的地方。也有些人认为栽种杂交品种的时候，应该让芽的位置和地面保持水平。这两种方法其实都可以，植株自己会进行相应的调整。如果是容器苗，那么全年都可以栽种，栽种深度和盆土深度保持一致就可以。

Containers
容器种植

牡丹或者伊藤杂种的幼苗可以种在容器里，但也只能种几年而已，之后就需要地栽。一开始就要选择一个大一些的容器（深度和宽度至少 30 厘米 / 12 英寸），给根部足够的生长空间。在所有的容器中，陶罐是最好的，因为它不易积水。确保容器底部能够及时排水，然后使用堆肥土种植。浇水时，要注意度：盆栽植株需要比地栽植株更多的水，但是，我们就更要注意不要过度浇水。如果你无法判断，就让盆土先保持干燥。虽然芍药属植物很耐寒，但是盆栽苗根部在严冬时也会受到摧残。你可能需要为容器保暖，或者在秋天的时候，把它直接埋在地下。

芍药最好不要种在盆里。如果涉及搬家，首先要将植株小心地挖出来，时间最好是在秋季，然后将它们放在黑色的塑料箱里，选择花园中心那种一个可以装好几个盆的板条箱就可以。每株放在一个箱里，以给根系足够的空间。在板条箱里放好无土堆肥，然后尽快将植株种到你的新花园里去。但是注意不要选在盛夏，要等到气温降下来以后再移栽，在等待的期间，要仔细养护植株。

HOW TO PLANT HERBACEOUS PEONIES
如何种植芍药

脚芽距离地表不超过
5 厘米（2 英寸）

HOW TO PLANT TREE PEONIES
如何种植牡丹

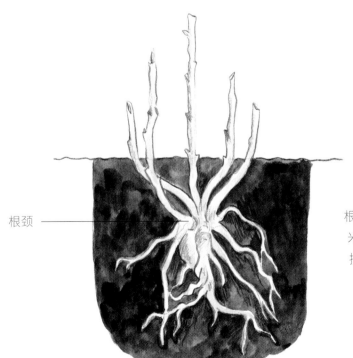

根颈

根颈距离地表至少 7.5 厘
米（3 英寸）。如果是嫁
接苗，嫁接部位应该在
地面以下。

Deadheading
去残花

芍药属植物的花瓣通常会随着某次降雨而全部凋落，剩下来的果荚其实也是很好看的。不过，如果一直保留着果荚，那么植株的一部分能量就会消耗在种子的发育上，而这部分能量原本是可以为来年开花做准备的。所以，决定权在你：你可以选择欣赏漂亮的果荚，但是明年会损失一点花量，也可以用剪枝钳直接把它们剪掉。

Staking
支架

牡丹和伊藤杂种一般是不需要支架来支撑的，但是花多且大的芍药，如果有支架辅助就会更好，可以防止花朵严重垂头。支架最好提前备好，在早春的时候，脚芽萌发、长出来新枝之后，就围着植株将支架一根一根插好，等到植物长起来，这些支架也就隐藏在植株之间，看不见了。支架的高度应该在 15～30 厘米（6～12 英寸），比植株最高处稍矮一点。一些花枝可能需要绑在支架上加以稳固。

请记住，是否需要支撑没有所谓的统一标准。环境因素对于花枝的强度会产生直接影响，如春季的温度、降雨等。有的品种可能今年需要支架，明年就不需要了；也有一些品种会一直都需要支撑，如'内穆斯公爵夫人'。

Ongoing care and pruning
日常维护和修剪

在秋天的时候，需要把落叶都清理、烧掉，以减少任何可能的疾病传播。在晚冬或者早春时节，牡丹需要修剪。这时要注意观察，看到生长芽膨胀之后，就可以开始修剪了。第一步是去除枯死的、没有发芽的枝条。不过不要担心，枝条一般都会在 5 年左右枯死。枯枝去掉之后，枝条就一目了然了。株丛内部通风良好，有利于防治病虫害。之后，接下来的任务，就是修剪枝条顶部，在顶部活芽附近进行斜切。所谓的活芽看上去带着些粉色，如果你看到哪个芽颜色暗黑，那就是盲芽了。

如果植株的枝少得可怜，那么就需要重剪了。从植株基部往上，大约 15 厘米（6 英寸）左右的地方找到一个芽点，从其上将枝条全部剪除，这对植株生长将会有很强的刺激。虽然专业种植者一般都建议每年进行修剪，但是其实偶有懈怠，植株生长也没有碍。当然，每隔几年剪除枯枝还是有好处的，可以促进植株生长。重剪对于来年开花可能会有一定程度的影响，但是长远来看，还是值得的。

Maintenance feeds
日常追肥

对牡丹来说，在早秋进行追肥是很有益处的，肥料应选择骨粉或月季专用肥。高钾肥有助于促进植株下一季开花。此外，还可以在春季喷洒少量的通用肥料。

对于芍药来说，春天宜施加平衡通用肥，注意不要使用高氮肥料。如果芍药生长的土壤质地很好，即便很多年不施肥也无妨。

相对来说，伊藤杂种就比较金贵了。当它刚刚长叶以及即将开花的时候，更需要平衡通用肥料。在花期结束后，则需要低氮肥。施肥不要太过频繁。同时，由于植株的根系相当舒展，所以在茎周围大约 15 厘米（6 英寸）处施肥是最为适宜的。如果你准备使用覆盖物护根，要注意与根颈处的芽保持一定距离。如果对植株的覆土过深过厚，患病风险将会增加。

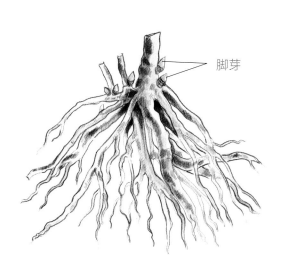

分株前，完整的根颈。

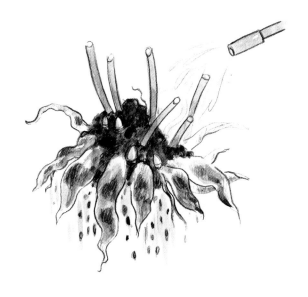

将根颈周围的土壤冲洗掉，
然后能看到整个根系。

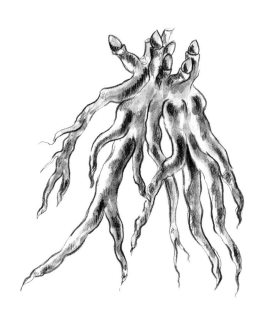

用刀或者锯，将根颈分开，保证每
块根上都有至少 3 个脚芽。

修剪 15～20 厘米（6～8 英寸）以上的根，
并去除细根。在合适的深度重新种下。

Division
分株

芍药的生长周期可以持续数十年，但是当长到大约20年的时候，它们的生长势会开始退减，这时最好的方法是进行分株。不仅如此，分株还能刺激植物开更多更好的花。但是，如果植物还没有足够成熟（大概生长3～5年），分株就不合适了。对于那些生长了10年以上的植株来说，挖出来进行分株会很有益处。但是请切记，最健康的新根会出现在根部的边缘，中心的那些都是老而阻塞的旧根了。

分株要选择秋高气爽的日子进行。当土壤干燥时，植株就比较容易从地里挖出提起。这一步以及之后的分株一定要慎而又慎，这跟那种传统的用铁锹直接把草本植物挖出来、切两半的分株可是两码事。

首先，在距离植株大概20～25厘米（8～10英寸）的地方，绕着它先松一圈土。它们的根部十分脆弱，而且是向外延伸的，你需要千万小心，提起植株的时候不要伤到根部。找一个铁锹，在这个距离处向下挖，挖到植株下方，看看植株是否起来了。如果几乎没有，就试着再向下深挖一点。等到把植株提起来这一步，用叉子会比用铁锹更保险一点。将植株小心地拿出来，然后最好用水管，轻轻地用水把根颈上的泥土都冲洗掉，这样会比较好控制以便进一步操作。数一数休眠芽的数量，然后找一把干净而锋利的小刀，把植株从根部开始分开，每个根块至少要带上3个休眠芽。有些专业种植者会建议你挖出植株后，先在阴凉地方放几个小时，用一块布或者几张报纸盖住，这样植物就会轻微失水，根部也会变软，方便分株。他们还建议对根部进行修剪，去除所有细根，只保留大一些的根部。如果根部超过15～20厘米（6～8英寸）长，那也要进行修剪。接下来，用我们前文提到的种植芍药的方法，把分好的植株重新栽种下去。伊藤杂种也可以用这种方法进行分株，但是只能在它们生长不到3年的时候进行。即便如此，你

还是会发现它们的根颈已经木质化，刀根本就无法切动，只能使用重型锯来操作。牡丹则根本无法分株，但是秋天可以进行移栽。用刚刚提到的方式，把它们轻轻地从土里提起来（它们的根系就大多了，所以你需要在距离植株中心更远一点的地方开始挖），然后再用前文提到的种植牡丹的方法把它们重新种好。

Growing from seed
种子繁殖

想要通过种子培育芍药属植物，你需要圣人一般的耐心。要知道，从种子到开花，可能大概需要花上5年的时间。但是，如果你发现种子颜色发黑之后就立即播种，它们可能会直接发芽，因为种子内部的抑制剂还没来得及让种子进入休眠状态。如果通过种子繁殖，原生的芍药属植物繁育出来的植株可能不会有什么问题，但是园艺品种以及杂交品种要么会不育，要么即便有种子，种植出来的植物也会和亲本存在区别。不育品种也会有果荚，只不过是空的。

提前在花园里准备一个播种床，然后在秋天开始播种。种子间距需要保持5～10厘米（2～4英寸），在种子上方覆盖4厘米（1.5英寸）的土壤。保持播种床的湿润，直到冬天来临地面开始冻结为止，之后覆盖碎树皮或稻草，为土壤保暖。春天到来时，把覆盖物移走，但如果遭遇晚霜冻或降雪威胁，记得用覆盖物或防寒无纺布重新盖住播种床。芍药属植物的种子是双休眠的，种子萌发需先打破胚根休眠，然后要打破上胚轴休眠，才能形成完整的幼苗。在第一个冬天，根系发育，次年春季形成枝条。和成熟植株相比，一年生实生苗就需要在盛夏酷暑中得到一些荫蔽。夏季天气干燥的时候，你需要浇水，冬季土壤冻结之后，要盖上覆盖物。

一年生幼苗不要移植，只要空间足够，就让它们尽量在原地生长更长时间。春天，实生苗生长旺盛，所以推荐在仲夏到暮夏期间进行移植，这样小苗不那

么容易枯萎。将小苗以间隔 30 厘米（12 英寸）的距离种下，当年冬季用覆盖物护根。芍药属植物可能需要 3 到 4 年才能完全发育成熟，开始开花。

Pests and diseases
常见病虫害

比较好的一点是，芍药属植物的生命力十分顽强，只要种植得当，基本上不会出现太多问题。如果你住在乡下，那么恭喜，兔子和鹿对它们都没有兴趣，你的植株可以逃过一劫。如果你有好几株芍药属植物，那么在进行日常修剪以及重剪的时候，建议你每修剪一株植物，就把剪枝钳浸泡在浓度 10% 的漂白水里，再继续修剪，这样可以避免植物之间产生病毒传染。你就当自己在做一个非常初级的外科手术好了。

如果你的植株出现了问题，可以对照以下病虫害列表检查相应的症状，找到解决的方法。

Ants
蚂蚁

植株的花蕾会分泌出一种甜的花蜜，对蚂蚁来说很有吸引力。你可能会注意到，它们在茎上上上下下地爬动。目前，我们也不清楚为什么产生这种花蜜，可能是蚂蚁可以用某种方式帮助比较紧密的花蕾开放。蚂蚁对植株不具有毁灭性，而且花蕾打开之后，它们就会离开。但是，如果你的植物遭受了灰葡萄孢菌的侵袭，或者本身患有其他的病害，那么蚂蚁可能会携带孢子到处移动。这个时候，你就需要注意植株的状态了，秋天要把所有落叶都清理掉。种植业者一般会在花蕾呈"棉花糖"（marshmallow）状态的时候就把花朵切下，把花蕾上的蚂蚁擦掉或者甩掉，来避免更严重的问题发生。

Botrytis
灰霉病

这种病由真菌引发，很多植物都会受其侵害，但其中一种真菌牡丹葡萄孢（Botrytis paeoniae，芍药枯萎病）只影响芍药属植物。感染通常发生在春夏，特别是在天气凉爽而多雨时。更麻烦的是，还有其他几种葡萄孢也会感染芍药属植物。你需要注意表面的迹象，比如，新芽上是否覆盖了天鹅绒一般的灰霉，它们是不是枯萎并且变黑了等。植株长大一点后，你要观察花蕾是否开放，并且变黑，花朵是不是会直接枯萎等。如果受到感染的花瓣掉落，它们可能会在叶子上留下叶斑，导致那一块组织变成棕色并且死去。之后，茎干上也会出现棕色斑块，并枯萎死亡。这种病苗留在植株上可能还会越冬，你可以在那些濒死的茎上看到很小的黑色结构，那就是菌核。如果任由它们留在植物上，第二年春天，这个植株还会再感染。

对于预防和治疗而言，能够遵循良好的操作习惯，是至关重要的。每年秋天，你都要清理所有的植物残枝枯叶，如果是芍药，那么要把枝叶全部清除。如果感染了葡萄孢，就不要用被感染枝叶堆肥，不然只会加剧真菌的破坏。把受感染的部分直接扔进垃圾桶，或者烧掉。如果你能在土壤周围添加一些有机肥，那对植物也是很好的，但是记得不要影响冠根周围的土壤成分。

如果问题还没有解决，在新枝长到 15 厘米（6 英寸）高的时候，你可以在植株上使用喷施杀菌剂。低温且潮湿的时候更注意防治此种病害。浇水不要直接浇在植株上，而是浇在它周围的土壤上，也不要把叶子、花或者枝干淋湿。

Crown rot
颈腐病

这种疾病很难控制，它由土壤传播的细菌和真菌引起，通常是因为土壤过于潮湿或覆盖物离根颈太近，会导致植株萎蔫。最简单也最具刺激性的解决办法，是把植物挖出来烧掉。如果你不想这样，可能就得做好打持久战的准备，先冲洗根，看它的腐烂程度有多严重。

如果感染程度不是很深，你可以试着切除被感染的部分，然后用绿色硫细菌清洁根部。不要把病株种回原来的位置，也不要在这个位置再种其他的芍药属植物，重新找一个合适的位置种植。

NEMATODES
线虫

线虫也会侵害牡丹的根部。线虫是一种细小的蛔虫，能够钻入根部，造成末端结节。结节出现后，根部就无法吸收足够的营养。如果你看到植株发育不良、发黄，可以把它挖出来看一下根部。如果看到了根结，就需要把植物烧掉，并且在未来至少一年内，不要在相同的地方种植其他的芍药属植物。

PEONY REPLANT SYNDROME
芍药属重茬危害

最基本的建议，就是永远不要把一株芍药属植物一直种在同一个地方，除非间隔时间达到几年以上——这点和月季一样。然而，还有一种观点认为，虽然芍药属重茬危害对芍药属种植业者来说十分严重，但是对于园丁来说却不是一个大问题。如果你的植株曾经遭受过任何病虫害的侵袭，那么当然不应该再在同一个地点种植。但是，如果它一直没有问题，那么"冒险"重茬也可以试试。研究人员认为，芍药属的重茬危害可能是由某些特定的真菌和细菌的聚积引起的。总之，如果牡丹或芍药重茬种植前，一定要谨慎思考。

RED SPOT
红斑病

如果植株感染了牡丹枝孢菌（*Cladosporium paeoniae*）会很容易辨别出来。感染植株看起来像是得了麻疹，叶子和茎上散布紫红色的斑点。当空气流通较差，或去年秋季落叶未及时清除（病菌过冬）易引发红斑病。对此，我们要对植株加以温柔的呵护，对它的生长环境给予足够的关注，秋天到来时，要记得及时清理落叶以及施肥。

ROOT AND STEM ROT
芍药疫病

这种病害也是由真菌引起的。这种真菌叫作恶疫霉（*Phytophthora cactorum*），比葡萄孢菌少见一些，但破坏力却强大许多。感染之后，叶子和新枝都会枯萎，变成褐色，茎也可能会枯死。对于这种病，你只有两种选择：第一，把植物挖出来然后烧掉；第二，把所有遭受侵害的嫩芽和茎都清除掉，然后用铜基杀菌剂喷洒全株。然而，即便如此，这种病害还是极难防治。

COMMON REASONS
FOR FAILURE TO BLOOM

可能导致植株不开花的几种原因

种植深度太深

刚刚栽种不久

光照不够充足

排水不畅

缺乏营养

花期缺水

前一年秋天缺水

冻害

植株衰老

Peonies as cut flowers
切花

芍药非常适合用作切花，它们精美绝伦，而且商业化种植芍药的目的之一就是用作切花。相对而言，牡丹由于花茎较短，并不是很好的切花搭配，不过如果在碗里装好水，让它们漂浮在水面上也会很好看。伊藤杂种也是非常好的切花花材，但是它们相对于芍药而言价格高昂，可能会让人望而却步，只能偶一为之。

培养切花需要耐心的等待。在最初的 3 年里，你要保持耐心，尽量控制住自己想要采收花枝的手，之后，你的植株就会变得十分强壮了。一旦它完全长好，你就可以等待时机准备切花了。观察到花蕾刚刚打开，就可以把花剪下来，当绿色的萼片慢慢打开，你就能看到其中花瓣的颜色了。据说在这个阶段，花蕾会像棉花糖一样柔软。最理想的情况是在清晨把花剪下来，那个时间的茎因吸水饱满而膨胀，剪下来之后要立刻把它们放进水中。

切花不要切得太狠，尽可能在植株上多保留一些茎，至少要保留整个花枝长度的四分之一，让留下的茎和叶子继续进行光合作用，为根部输送营养。

芍药属植物非常喜水。如果它们看起来没什么精神，就找一个深一些的桶或者浴缸，放满水，把花整个放进去。它们就连花瓣都能吸水。这个方法尤其适用商店里买回来的鲜切花。商店里的芍药总能保持特别好的状态，因为花艺师在用它们之前会先冷藏 2 周。从冷库里拿出来后，切掉茎基部 2.5 厘米（1 英寸），然后把它们浸泡在温水中。接下来只要 8 ～ 48 小时，花蕾就会完全盛开。

在花瓶里插好之后，如果你每天都能剪掉茎基部一小截，并且给花换水，那么鲜切花的寿命就会有所延长。给水一定要慷慨，芍药属植物真的非常需要水，特别是在刚开始的几天。所以，随时注意你花瓶里的水位吧，你需要保证它们时时加满。

如果需要为特殊场合特别准备一些花，你可以参考一下竞赛选手的操作：他们会把所有的侧花蕾全部摘掉，而且是一旦发现就摘除，只留一个花蕾，就是最靠近顶端的那个，确保这一个完好无损。在没有其他花蕾跟它争夺营养的情况下，这一朵花会开得更大更好。你还可以在花蕾上轻轻套一个纸袋，对它们加以保护。

GLOSSARY

名词解释

半重瓣型 Semi-double　介于单瓣与重瓣之间的花形，比单瓣、银莲花型和日本型花瓣更多，但又没有达到重瓣那么多花瓣。花瓣绕着心皮形成紧凑的一圈，花药夹于其中。

瓣化花瓣 Petaloids　比较小的、形似花瓣的结构。一般由雄蕊瓣化而来，但瓣化更完全。质地比花瓣更光滑，颜色十分多元。多见于银莲花型品种中。

僵蕾 Balling　一种病害，症状花朵在花蕾状态时就已腐烂，无法开放，通常是冷湿的天气与随之而来的阳光让外轮花瓣过于潮湿，黏结在一起。

单瓣型 Single　花瓣大约为 5 到 13 枚，排成 1 到 2 轮的花形，雄蕊可育。

萼片 Sepal　组成花萼的 5 个绿色部分，将花蕾紧紧地包裹其中，开放时反折。

脚芽 Eyes　粉红色的饱满的芽体，在来年会发育出新枝。对于芍药来说，它们会在当年就发育成植株主体部分；对于牡丹和伊藤杂种来说，它们会发育成木质茎。

花萼 Calyx　芍药属的花萼由 5 枚萼片组成，绿色，用于保护花蕾。花朵开放时，萼片也会打开。

花盘 Sheath　包裹在心皮外的一个薄薄的保护层，通常是彩色的，心皮膨胀和生长的时候会撕开。

花丝 Filament　支撑花药的细丝，和花药一起组成雄蕊。

花药 Anther　植物用来产生花粉的部分，生长在花丝顶部，和花丝一起构成雄蕊。

裸根 Bare-root　在休眠期被挖起的根系，根系装在湿润的包装里，随时可以种植。

品种 Variety　此处指自然形成的、遗传性状比较稳定的同一种植物。它们的种子发育出来的植株也拥有相同的性状。

去残花 Deadheading　剪掉植株上枯萎的花。

日本型 Japanese　一种花型，外轮花瓣宽大，开放之后，露出其中繁多的、狭长扭曲的雄蕊瓣化瓣。

绣球型 Bomb　一种花型，也属于重瓣花，但是花朵中间有一堆瓣化花瓣，随着花朵成熟，整朵花会变成一个花瓣构成的半圆形球体。通常这种花的花朵硕大，需要支架支撑。据说，这个名字来自于某款冰激凌（此处是指英文名的由来）。

退化雄蕊 Staminodes　在人工杂交育种中，一些雄蕊会退化——在芍药属中，这种形如细小花瓣的结构可能仍然略具雄蕊的功能。它们的颜色往往是黄色，或带有黄色。

外轮花瓣 Guard petals　最外轮的花瓣，通常比内轮花瓣要大。

心皮 Carpel　花的雌性生殖器官，包括子房（用来受精），之后会变成种荚，成熟时裂开。芍药属通常有 1 到 15 个心皮，也有可能完全没有心皮。

雄蕊 Stamen　花的雄性生殖部分，由花丝和花药组成。

伊藤杂种 Itoh　以牡丹和芍药杂交培育出来的品种，也被称为组间杂种。地上部分草质枝基部会木质化。

银莲花型 Anemone　一种外形很好看的花朵。花型类似于日式，但外轮花瓣会围成一圈，中间环绕着一堆瓣化花瓣（比外轮花瓣小，呈宽条或带状的花瓣形，由雄蕊组成，中文称托桂型。译者注）。

园艺品种 Cultivar　通过选育而栽培出来的品种。不能用种子繁殖后代，一般通过分株或嫁接扩大数量。

杂种 Hybrid　不同属、种或变种等通过杂交产生的后代。

组间杂种 Intersectional　也称伊藤杂种（见上文）。

种 Species　属下（本书中指芍药属）的分类单位，具有一定特征，同时具有一定的自然分布区，在野外环境中生长和繁育。

重瓣型 Double　拥有多层花瓣的花朵。可能有少量雄蕊，但是雄蕊夹杂在花瓣间几不可见。

柱头 Stigma　心皮的顶部，是雌蕊承接花粉粒的部分。花粉粒萌发后，花粉管从柱头向下移动，经花柱到达子房，完成受精。之后，子房逐渐形成种荚。

INDEX
索引

PEONY DIRECTORY

芍药属字典

JANE'S ACKNOWLEDGEMENTS
简的致谢

首先，我要向摄影师乔治亚娜·莱恩致敬，是她独具慧眼，捕捉了这些花朵神奇的魅力和美好。为了捕捉到花朵盛开的美丽瞬间，她走遍了世界，并且成功找到了那些最难以发现的品种。没有她，这本书将一无是处。

在写作期间，我得到了不计其数的帮助，我无法在这里一一列举他们的名字。但如果没有他们的耐心和善意，这本书里的众多问题将无法找到答案。在这里，我必须要特别感谢凯尔韦的戴夫·鲁特。他不仅帮助我们完成了对芍药属优秀品种的筛选，还慷慨无私地分享了他的知识和经验。如果没有他的指点，我可能会完全迷失方向。

此外，我必须要感谢 Pavilion 出版社的 Katie Cowan，我的编辑 Krissy Mallett 和 Diana Vowles，她们给了我极大的鼓舞和包容，也投入了相当大的热情。感谢 Michelle Mac 和 Lee-May Lim 做的设计，非常优雅，也感谢 Polly Powell 对我的信任。我还要特别提出对 Krissy 和 Diana 的感谢，在本书完成到一半的时候，我不小心摔到了臀部，是他们给了我极大的耐心和关怀（同样感谢 Mark Andrews 先生和他的团队为我治疗，感谢照顾我的护工们，以及感谢帮我进行复健的理疗师们）。为此，他们调整了我的交稿日期以及相应的时间表。

在我撰写本书的过程中，我的丈夫 Eric Musgrave 被迫扮演了护工和保姆的角色。他的悉心照料让我得以重新站起来，心怀感激和幽默坐回电脑前。不能说他完全没有抱怨过，但是他的确表现出了极大的耐心。谢谢我的孩子们，Florence 和 Teddy，虽然他们日程很忙，但还是专程飞回来为我打气，还帮我承担了家务工作，让我安心写作。Florence 还挤出时间帮我校对初稿。

我必须感谢我的朋友 Aaron Ogles，他鼓励我进行写作，还假装对我的选题十分感兴趣。最后，感谢伟大的 Jan Love，不止一次地为我化解危机。

GEORGIANNA'S ACKNOWLEDGEMENTS
乔治亚娜的致谢

本书精选的芍药属植物拍摄于英国、法国和美国各地。虽然我的大部分工作都是独自在田野和花园完成，但这些照片能够拍摄出来，还要感谢以下伙伴，他们热爱芍药属植物，也对我的工作产生了很大帮助。

简·伊斯托埃的文字十分奇妙，令人回味无穷，对芍药属植物的描绘充满了迷人的细节，让它们跃然纸上。她的笔触极好地刻画了植株的独特之处，生动地传达了照片的不到之处。她传达自己的洞察力和知识的方式总能给我留下深刻的印象。

Geraldine Kildow 来自美国华盛顿州芬代尔市的北部田野农场（North Field Farm），多年以来提供了大量精致美好的芍药属切花，帮我完成拍摄工作。她热情快乐，极富感染力，和她一起工作是最开心的，她的农场就是一片美丽的绿洲。她提供的鲜花贯穿了整本书，每一次她都能准确找到对的那天，帮助我在花朵开放前找到最好的拍摄状态，包括本书最后部分那一张芍药花毯也是如此。

英国兰波特的凯尔韦植物有限公司拥有 160 多年历史，也是最早种植和培育芍药属植物的苗圃之一。该公司的管理人员和工作人员发挥了关键作用。主管 Dave Root 为我们提供了重要指导，帮我们编制本书的品种列表。他还在切尔西花展的筹备期中抽出时间，确保我能参观凯尔韦的全部展品。芍药属经理 Lynda Butt 性格阳光，大大驱散了那段时间的连日暴雨给我带来的阴霾。她与我配合紧密，帮我找到想要的品种，有时候还能帮我提早花期，特别是那些珍贵品种。她还从自己的花园里带来了一株正在盛放的黑海盗。

Bénédictede Foucauld 的家位于法国的拉苏斯城堡（Château de Sourches），他拥有一个芍药属温室，无疑是芍药属世界中最伟大的收藏之一。他对我的到来表示了欢迎，他的花园拥有 2000 多种品种，让我沉醉其中。在这片花的海洋里，我得以捕捉到一些非常好的照片。

Don 和 Keith 来自美国华盛顿州斯诺霍米什的 A & D 芍药，他们为我开放了农场和田野，供我寻找早开的牡丹，真的非常感谢！美国俄勒冈州塞勒姆市的阿德尔曼牡丹花园有限责任公司为我提供了很多珍贵收藏，在那里，我拍到了很多非常重要的牡丹照片。英国萨默顿林奇乡村别墅的人们也非常热情友善，在我的到访期间还帮我找到了唯一一朵在暴雨中幸存的、盛开的红重瓣。

第 111 页的陶罐是 Lark Rodriguez 陶艺大师的作品，上边有非常迷人的山茱萸和知更鸟。

我的家人，尤其是我的先生 David 一直在鼓励支持我，对我频繁的出行和长期缺席十分宽容。由于我一直处于焦虑状态，担心赶不上最好的花期，他还会安慰我，哪怕我们分处世界两端，他对我的信任也一直陪伴我。

最重要的是，我衷心感谢 Pavilion 图书出版社的 Polly Powell，发行总监 Katie Cowan，责任编辑 Krissy Mallett 和设计师 Michelle Mac，感谢他们对这个项目的支持，以及提供了让我加入这个项目的机会，我真的十分荣幸。